வையத்தை வெல்வோம்

P. சுப்பிரமணியம்

White Falcon
Publishing

www.whitefalconpublishing.com

வையத்தை வெல்வோம்

P. சுப்பிரமணியம்

www.whitefalconpublishing.com

Cover design by White Falcon Publishing, 2022

The contents of this book have been certified and timestamped on the POA Network blockchain as a permanent proof of existence. Scan the QR code or visit the URL given on the back cover to verify the blockchain certification for this book.

The views expressed in this work are solely those of the author and do not reflect the views of the publisher, and the publisher hereby disclaims any responsibility for them.

Requests for permission should be addressed to
psubramaniam7539@gmail.com

ISBN - 978-1-63640-683-1

வையத்தை
வெல்வோம்

த.உதயச்சந்திரன், இ.ஆ.ப.,
முதலமைச்சரின் முதன்மைச்
செயலாளர் - I

தலைமைச் செயலகம்
சென்னை - 600009

அணிந்துரை

உழுவார் உலகத்தார்க்கு ஆணிஅஃ தாற்றாது
எழுவாரை எல்லாம் பொறுத்து.

(பல்வேறு தொழில் புரிகின்ற மக்களின் பசி போக்கிடும் தொழிலாக உழவுத் தொழில் இருப்பதால் அதுவே உலகத்தாரைத் தாங்கி நிற்கும் அச்சாணி எனப்படும்).

திரு. சுப்பிரமணியம் அவர்களின் 'வையத்தை வெல்வோம்' நூலினைப் படிக்கும் நல்வாய்ப்பு கிடைக்கப் பெற்றது. நமது இந்தியாவைப் போன்ற நாடுகள் பொருளாதாரத்தில் வளர்ச்சி பெற, வேளாண்மை எப்படி முக்கியத்துவம் வாய்ந்ததாக விளங்குகிறது என்ற கருத்தை நூலின் தொடக்கத்தில் நூலாசிரியர் வலியுறுத்தும் போதே அதற்கான வழிமுறைகளை அறிவதற்கான எதிர்பார்ப்பு நமக்கு ஏற்பட்டுவிடுகிறது. அந்த எதிர்பார்ப்பினை நூல் முழுவதுமாக அடுத்தடுத்த கட்டுரைகளில் ஆசிரியர் செவ்வனே நிறைவேற்றி விடுகிறார்.

ஒரு சிக்கலைப் பற்றி விவரிக்கும் போது, அதற்கான தீர்வை வழிமுறைகளோடு விவரிப்பதென்பது அரிதான நிகழ்வு. அவ்வகையிலே, வேளாண்மையின் சிறப்பு, விவசாயி சந்திக்கும்

சவால்கள், பருவநிலை மாற்றம், நீராதாரங்களைப் பராமரிப்பதன் முக்கியத்துவம், இயற்கை வேளாண்மை, இப்படியாகப் பலவற்றைத் தன் சொந்த அனுபவங்களின் அடிப்படையிலும், தாம் கற்றறிந்தவற்றிலிருந்து மேற்கோள் காட்டியும் தீர்வுகளை விளக்கும் நூலாசிரியரின் பங்கு பாராட்டக்கூடியது. இயற்கை வேளாண்மை குறித்து போகிற போக்கில் வெறும் வார்த்தைகளில் வாரியிறைத்து விட்டுச் செல்லாமல், தன்னிடம் 10 ஏக்கர் நெல்லி, 20 ஏக்கர் தென்னை மற்றும் 30 ஏக்கர் முருங்கைக்கீரை இயற்கை வேளாண் சாகுபடியில் உள்ளதை பெருமிதத்துடன் தெரிவித்து படிப்போரின் மனங்களில் நம்பிக்கையை விதைத்து விடுகிறார் நூலாசிரியர்.

வேளாண்மையின் மீதான திரு. சுப்பிரமணியன் அவர்களின் ஆர்வமும், அனுபவமும், நீராதாரங்களைப் பாதுகாத்தல் மற்றும் நதிகள் இணைப்பு குறித்த அவரது தொலைநோக்குப் பார்வையும், இந்நூலைப் படிப்போரின் சிந்தையைத் தூண்டி, சமுதாய நலன் பயக்கும் என்பதில் ஐயமில்லை. இதைப் போன்ற நல்ல பல நூல்களை வெளியிட்டு எதிர்கால நல்வாழ்விற்கான விழிப்புணர்வை ஏற்படுத்திட வேண்டுமென்று தெரிவித்து, நூலாசிரியருக்கு எனது நல்வாழ்த்துக்களை உரித்தாக்குகிறேன்.

அன்புடன்,

த.உதயச்சந்திரன்

Dr.M. RAJENDRAN, I.A.S
COMMISSIONER

TAMIL NADU STATE CO-OPERATIVE
SOCIETIES ELECTION COMMISSION

வாய்மையே வெல்லும்

☎ Off: 044 - 2433 1402
Per: 044 - 2434 1405
Email: tncoopelectcomn@gmail.com

வேளாண்மை, ரப்பர் போல என்னுடைய இளம் பிராயத்தில் திருமங்கலம் நகராட்சியின் கழிவு நீரோடைகளில் மீன்கள் நீந்தித்திரிவதைப் பார்த்திருக்கிறேன். என் இளமைக் காலத்தில் கழிவு நீரோடைகளில் தவளைகளைப் பார்த்திருக்கிறேன். அண்மைக் காலம் வரை கொசுக்களை கழிவு நீரோடைகளில் பார்த்தேன். தற்போது கழிவு நீர்க் கால்வாய்கள் முழுவதுமாக பார்வையிலிருந்து அடைக்கப்பட்டுவிட்டதால் அங்கு என்ன உயிரினம் வாழ்கிறது என்று தெரியவில்லை.

தமிழகத்தில் தாமிரபரணி மட்டுமே வற்றாத ஜீவநதியாக இருக்கிறது. காவிரி, தென்பெண்ணை, பாலாறு, வைகை நதிகள் வருடத்தில் பல மாதங்கள் வறண்டு கட்டாந்தரையாக இருக்கின்றன. அந்த மாதங்கள் சிலருக்கு கொண்டாட்ட காலம். மண் அள்ளும் லாரிகள், ராட்சத இயந்திரங்கள், மணல், பெர்மிட், டூப்ளிகேட், செக்போஸ்ட் என்ற அமைப்புகள் கோலோச்சும்.

ஐம்பது அறுபது ஆண்டுகளுக்கு முன்பிருந்த மலைக்காடுகள், 'கூப்காண்ட்ராக்ட்' மூலம் கலகலத்துப் போயின. பல நதிகளின் துவக்கயிடமாகயிருந்த அடர் வனங்கள், இன்று காடுகள் ஆகிவிட்டன. நதிகள் ஓடைகளாக, ஓடைகள் வாய்க்காலாக, வாய்க்கால்கள் கருவேல மரங்கள் மண்டும் இடமாக மாறிவிட்டன. மாடுகளின் இடத்தை டிராக்டர்களும், இயற்கையாக கிடைத்த

சாணத்தின் இடத்தை பெட்ரோலின் உட்பொருளான செயற்கை உரங்களும், பெற்றுவிட்டன. வயல்களிலிருந்த தீமை செய்யும் உயிரினங்களை எலி, பாம்புகள் கட்டுப்படுத்தின. விவசாய நிலங்களில் கொட்டப்படும் ரசாயன உரங்கள், பூச்சி கொல்லிகள் பூச்சியோடு சேர்த்து, பூச்சியை உணவாகக் கொண்டு விவசாயிக்கு நன்மை செய்யும் ஜீவ ராசிகளையும் அழித்து விட்டன.

ஏறக்குறைய நாம் சுதந்திரம் பெறும்வரை, 50 சதவிகித நிலங்கள் மழையை நம்பியே இருந்தன. தென்மேற்கு, வடகிழக்கு பருவமழை, ஏரிகளில் குளங்களில் தேங்கும் மழைநீர் புஞ்சை விவசாயத்திற்கு உதவியது. புஞ்சை நிலங்களை, நஞ்சை நிலமாக மாற்றும் முயற்சியாக கிணறுகள், போர்வெல்கள் தோண்டப்பட்டன. அதிக தண்ணீர் தேவைப்படாத சிறுதானியங்கள் - சோளம், கம்பு, கேழ்வரகு, திணை, சாமை, குதிரைவாலி, பயிர் செய்த புஞ்சை இடங்களில், தண்ணீரை மிக அதிகமாகத் தேவைப்படும் நன்செய் பயிர்களான கரும்பு நெல் பயிரிடப்பட்டன. நிலத்தடி நீர் அளவுக்கதிகமாக உறிஞ்சப்பட்டதால், கடலின் உப்பு நீர் ஊருக்குள் புகுந்து நிலத்தடி நீர் உப்புத் தன்மை பெற்றுவிட்டது.

பசுமை புரட்சி நடந்த 1960களுக்குப் பின் தேர்வு செய்யப்பட்ட விதை, அதிக செயற்கை உரம், குறுகிய காலப் பயிர் வகைகள் அறிமுகப்படுத்தப்பட்டன. உணவுப் பொருளை அதுவரை பர்மா, மலேசியா, அமெரிக்கா போன்ற நாடுகளிலிருந்து இறக்குமதி

செய்தோம். அதிக கோதுமை உற்பத்தியே பசுமைப்புரட்சி. இன்று கோதுமையை நாம் இறக்குமதி செய்யவில்லை. மற்ற நாடுகளை நாம் நம்பியிராமல் தன்னிறைவு பெற்று விட்டோம். ஆனால் எண்ணெய் வித்துக்கள் பயிர் செய்த பகுதிகளை இழந்து விட்டோம். இன்றைக்கு நமது எண்ணெய் தேவையில் 60 சதவிகிதம் மலேசியாவின் பாமாயில் பிடித்துக் கொண்டது. பாம் என்பது நமது பனைமரம் போல இருக்கும். நிறையக் காய்க்கும். அதிக மழை உள்ள பகுதிகளில் வாரத்திற்கு மூன்று நான்கு நாட்கள் மழை பெய்யும் பகுதிகளில் மட்டுமே வளரும் தாவரம் இது. இதன் கனிகள் பனை மரத்தின் காய்களில் கால்வாசி அளவு இருக்கும். கொத்துக் கொத்தாகக் காய்க்கும். பழத்தில் சற்று இனிப்புச் சுவையிருக்கும். பாம் மரங்களை மலேசியாவில் பார்த்திருக்கிறேன். ஒவ்வொரு மரத்தின் கீழும் அந்தப் பழத்தைச் சுவைத்து மயங்கிய ஜீவராசிகள் சுருண்டு கிடக்கும். அந்த பாமாயில் நமது உணவில் முக்கிய இடம் வகிக்கிறது. பாமாயில் நல்லெண்ணெய், தேங்காய் எண்ணெய், கடலை எண்ணெய் என்ற எல்லா வகை எண்ணெய்களுடனும் மிகச் சுலபமாக கலந்து விடும். அதனால் கிலோ 30 ரூபாய்க்கு வாங்கப்படும். பாமாயில், 400 ரூபாய் தேங்காய் எண்ணெய் 300 ரூபாய் நல்லெண்ணெய், 200 ரூபாய் கடலை எண்ணெய்யுடன் சேர்க்கப்பட்டு அமோகமாக விற்பனை செய்யப்படுகிறது. எண்ணெய் வியாபாரம் கொடி கட்டிப் பறக்கிறது. மருத்துவமனைகள் நிரம்பி வழிகின்றன.

நமக்கு காலம் காலமாக உணவாகயிருந்த சிறுதானியங்களை நாம் எந்த ஹோட்டலிலும் வாங்கிச் சாப்பிட முடியாது. எங்காவது மரத்தடியில் கிடைத்தால் உண்டு. நமக்கு பழக்கமே இல்லாத பர்கர், பீட்ஸா, சவர்மா என்று என்னென்னவோ உணவை வாங்கி ருசிக்க இளைஞர் பட்டாளம் கால்கடுக்க வரிசையில் நிற்கிறது.

ஒரு சிறு விவசாயி, விவசாய நிலத்தை விற்கிறார் என்றார் அவரோடு சேர்ந்து அவர் வைத்திருந்த ஆடு, மாடு, கோழிகள் ஆதாரமிழந்துபோகும். நிலத்தில் பயன்படுத்திய விவசாயக் கருவிகள் விற்பனைக்குப் போய்விடும். அவர் விளைவித்த நிலத்தை நம்பி வாழும் எலி, பாம்பு, பறவைகள், பட்டாம்பூச்சிகள் வாழ்விழந்து போகும்.

பல கல்விச் சாலைகள் நூற்றுக்கணக்கான ஏக்கர் நிலங்களை மடக்கி, காம்பவுண்ட் சுவர் அமைத்துள்ளன. மூன்று ஆண்டுகளுக்கு மேலாக ஒருவர் தன்னுடைய நிலத்தில் விவசாயம் செய்யவில்லை என்றால், அந்த நிலத்தை அரசு எடுத்துக்கொண்டு தகுதியானவர்களுக்குத் தரலாம் என்ற விதியிருக்கிறது. ஆனால் நடைமுறைப் படுத்தப்படுவதில்லை.

நான் விவசாயத்துறை ஆணையராக நான்கு ஆண்டுகள் இருந்தேன். அப்போது தூர்தர்சனுக்காக டாக்டர் எம்.எஸ்.சாமிநாதனை பேட்டி காண வேண்டும் என்றார்கள். அந்தப் பேட்டியில் பசுமைப்புரட்சியின் பலன்களைவிட பாதகங்கள் அதிகமாகயிருக்கிறதே என்று அவரிடம் கேட்டேன். அவர் சொன்ன

பதில் எனக்கு மட்டுமல்ல அனைவருக்குமானது. "மரணப்படுக்கையில் இருக்கும் நோயாளிக்கு மருந்து கொடுத்தோம். உயிர் பிழைத்தார். அதே மருந்தை நீங்கள் அவர் மருத்துவமனையிலிருந்து வீட்டுக்கு வந்த பின்பும் கொடுத்தால் எப்படி?" என்றார். அடுத்த கேள்வியாக நாடு சுதந்திரம் அடைந்த பிறகு நாம் அறிமுகப்படுத்திய ஆப்பிரிக்காவின் ஜெட்ரோடா, ஆஸ்திரேலியாவின் யூகாலிப்டஸ், மலேசியாவின் பாமாயில், ரஷ்யாவின் சோயா, தென் அமெரிக்காவில் உன்னி செடி, கருவேலமுள் மரம் நமது தேசத்திற்கு விளைவித்த தீமைகள் எத்தனை?

அமெரிக்காவிலிருந்து மாணவர்களுக்கு இலவசமாக தரப்பட்ட PL48 கோதுமை கோதுமையோடு வந்த பார்த்தீனியம் விதைகள் இந்த தேசத்திற்கு செய்த தீமைகள் எத்தனை?

இயற்கை விவசாயத்தில் உற்பத்தி குறையும் என்ற வதந்தி பரவி அது செய்தியாகிவிட்டது. பருத்தி, காய்கறிகள் பயிர் செய்ய வேண்டுமென்றால் வருடாவருடம் விதையை விலை கொடுத்துத்தான் வாங்க வேண்டும் என்ற நிலை வந்து விட்டது. நம் மண்ணிற்கு சம்பந்தமில்லாத பிரேசிலின் மக்காச்சோளம் இந்தியாவின் முக்கியப் பயிர். மக்காச்சோளம் மண்ணிலிருந்து அதிகச் சத்தை உறிஞ்சி நிலத்தை பாழ் நிலமாக்குகிறது.

ஆயிரம் வகையாகயிருந்த நெல்லின் வகைகள், இன்று நான்கு ஐந்தாக சுருங்கிவிட்டது. அதுவும் பாப்பட்டலா என்ற ஒரு வகை நெல். அதை

உற்பத்தி செய்த ஆந்திராவின் ஆராய்ச்சி கூடமே பத்து ஆண்டுகளுக்கு மேல் பயன்படுத்த வேண்டாம் என்று அறிவுறுத்தியும், இருபது ஆண்டுகளுக்கு மேலாக பாப்பட்லா நெல்லே காவிரிப் படுகையில் அதிகம் விளைவிக்கப்படுகிறது.

பாலின் 'வெண்மை புரட்சி' குஜராத்தில் ஏற்பட்டது. இரும்பு மனிதர் சர்தார் வல்லபாய் பட்டேலின் வழிகாட்டுதலில், அமுல் கூட்டுறவு நிறுவனத் தலைவர் திரிபுவன்தாஸ் பட்டேல், டைரி டெக்னாலஜிஸ்ட் வர்கீஸ் குரியன், இன்ஜீனியர் தலைய்யா வெண்மைப் புரட்சியை நடத்திக் காட்டினர். அரசியல் தலையீடு. அதிகாரத் தலையீடு இல்லாமல் இரும்பு மனிதர் பட்டேலும், திரிபுவன்தாஸ் பட்டேலும் பார்த்துக் கொண்டனர். இன்ஜீனியர் தலைய்யா உற்பத்தியை பார்த்துக் கொண்டார்.

வர்கீஸ் குரியனால் வெண்மைப் புரட்சியை செயலாக்க முடிந்தது. கிண்டி இன்ஜினியரிங் கல்லூரியில் அவர் பி.இ., படித்தவர். அங்கு அவருக்கு 2004 ஆம் ஆண்டு ஒரு பாராட்டு விழா வைத்திருந்தார்கள். நான் அப்போது சென்னை ஆவினின் ஜெனரல் மேனேஜர். அவர் ஆரம்ப காலத்தில் நமது மாதவரம் பால்பண்ணையில் வேலை பார்த்திருந்தார். அதனால் நமது ஆவின் மீது அவருக்கு மதிப்பு. அதைவிட அமுலுக்கு நமது ஆவின் தொழில் முறை போட்டியாளர்.

திருப்பதி நெய் டெண்டரில் அமுலை முறியடித்து நம் ஆவின் டெண்டர் பெற்றோம். எனது எம்.

டி.பிரஜ் கிஷோர் பிரசாத் ஐ.ஏ.எஸ் என்னிடமும் அவர் அன்பாகப் பழகுவார். அவர் மாநில பால் நிறுவனங்களான ஆவின், பரஸ், நந்தினி, விஜயாவை அமுலுடன் இணைக்க முயன்றார். மற்ற பிராண்டுகள் ஒத்துக் கொண்டன. நமது ஆவின் மட்டும் மறுத்துவிட்டது. நாங்கள் அவருக்குச் சொன்ன காரணம் "நாங்கள் அமுலைவிட பெரிய பிராண்ட் அமுல் பொருளை விற்றுத்தான் காசு வாங்கும். ஆனால் நாங்கள் பொருளை விற்பதற்கு முன்பே எங்கள் மாதாந்திர கார்டு மூலம் பால் விற்பவர்கள்" என்றோம். எங்களது அமுல் (ஈரோடு பால் பண்ணை) அமுல் ஆரம்பித்த காலத்தில் ஆரம்பிக்கப்பட்டது. எங்கள் மாதவரம் பால்பண்ணை அமுல் ஆரம்பிப்பதற்கு முப்பது ஆண்டுகளுக்கு முன்பு ஆரம்பிக்கப்பட்டது" என்றோம். எங்களை மூக்கறுப்பதாக நினைத்து கண்சிமிட்டிச் சொன்னார். "அரசு அதிகாரிகளை அமுல் நம்பாது. குஜராத்தில் பால்வளர்ச்சி ஆணையர் என்ற பதவியில்லை" என்றார். "தமிழக அதிகாரிகள் அப்படியில்லை. அதனால் தான் இதுவரை எந்த மாநில பால் ஆணையர் அலுவலகத்திற்கும் வந்திராத நீங்கள் இன்று எங்களைப் பார்க்க வந்திருக்கிறீர்கள்" என்றோம். சிரித்து ஆமோதித்தார்.

தமிழகத்தில் திறமைக்குக் குறைவில்லை. ஆனால் இயற்கை விவசாயம், காலமுறை மாற்றத்தை அனுசரித்து விவசாயம் செய்ய தகுதியான ஆட்கள் தலைமைப் பொறுப்பில் இருக்க வேண்டும். ஆட்சி அதிகாரமும், சாதனையும் ஏறக்குறைய ரப்பர் போன்றது. திறமையான

ஆட்கள் காலத்தில் இரப்பர் போல விரியும். மற்ற நேரங்களில் பழைய நிலைக்கு வரும். தமிழகத்தின் உணவு உற்பத்தி 110 லட்சம் மெட்ரிக் டன், 127 லட்சம் மெட்ரிக் டக், 130 லட்சம் மெட்ரிக் டன் என்று தொடர்ந்து இருந்த உணவு உற்பத்திக்காக 2 கோடி, 5 கோடி என்று பரிசு வாங்கினோம். ஏனோ கடந்த 6 ஆண்டுகளாக 75 லட்சம் மெட்ரிக் டன்னை தாண்ட முடியவில்லை.

ஈரோடு P. சுப்பிரமணியன் எழுதிய வையத்தை வெல்வோம் புத்தகத்தைப் படித்தேன். நான்கு ஆண்டுகள் வேளாண்மைத் துறையின் ஆணையராகயிருந்த என்னுள் ஏற்படுத்திய நினைவலைகள் இவை.

அன்புடன்

Rajendran IAS

கண்ணதாசன் பதிப்பகம்

வாழ்க்கையை உயர்த்தும் சிந்தனைகள்

வையம் வெல்வதற்கே!

அருமை ஐயா திரு. சுப்பிரமணியம் அவர்களது "வையத்தை வெல்வோம்" நூல். இன்றைக்கு நமக்கும் நமது சட்டசபை, பாராளுமன்ற உறுப்பினர்களுக்கும், அரசு அதிகாரிகளுக்கும் ஒரு இன்றியமையாத நூலாகவே கருதுகிறேன். மொழி மாற்றம் செய்யப்படின், அந்தந்த மாநில அரசுகளுக்கும் அனுப்ப இயலும். ஒரு நூல் பிரச்சனைகளை மட்டுமே அலசும் அல்லது அது தீர்வுகளை மட்டுமே அலசும். இந்த நூல் அந்த இரண்டையும் ஒருங்கே செய்கிறது.

விவசாயம் சார்ந்த அனுபவங்களையும், அது தொடர்பாக கற்ற கல்வியும் அலசி ஆராய்கின்ற நுண்ணறிவும், பொது அறிவும் உண்மையைத் தேடுகின்ற உள்ளத்தோடும் ஒருங்கே இணைந்து எழுதப்பெற்ற நூல். ஆசிரியர் P. சுப்பிரமணியம் ஐயா அவர்களுக்கு எனது வாழ்த்துக்கள்.

வாழ்த்துக்களுடன்

காந்தி கண்ணதாசன்

பொருளடக்கம்

1.
முன்னுரை

விவசாயிகளின் மறுமலர்ச்சி என்றவுடன் நமது அரசின் கொள்கை முடிவு நமக்கு ஞாபகத்துக்கு வருகின்றது. 'விவசாயிகளின் வருமானத்தை இரட்டிப்பாக்குவோம்' என்பதே சரியான தீர்வு.

நாட்டின் பொருளாதாரமும் மக்களின் வாழ்க்கைத்தரமும் உயர, 55 விழுக்காடு மக்கள் சார்ந்துள்ள தொழில்கள் மேம்பாடு கண்டு விட்டால், தேசத்தின் பொருளாதார வளர்ச்சி பீடு நடை போடுமல்லவா?

அதற்கான தீர்வுகளை அலசுவதே இந்த நூலின் நோக்கம்.

1. பாசனத்துக்கு தேவையான நீர்.
2. கட்டுபடியாகும் விலை

1. பாசனத்துக்கு தேவையான நீர்: நீர்ப்பாசனத்துக்கு நாம், (நமது பொறியியல் வல்லுநர்களின் கூற்றுப்படி) நமது ஏரி, குளங்களை மேம்படுத்தி ஆறுகளுடன் இணைக்கலாம். வெள்ள நீரும், மழை

நீரும், போதுமே! ஏன் அண்டை மாநிலங்களுடன் மல்லுக்கட்ட வேண்டும்?

2. கட்டுப்படியாகும் விலை: இது பெரிய கேள்வி தான். விளைபொருட்களின் தரத்தை கூட்டினால் (Value add) தானாகவே உரிய விலை கிடைக்குமே! அதைத்தான் Organic உற்பத்தி என்கிறோம். உள்நாட்டிலும், வெளிநாடுகளிலும் உரிய விலை கிடைக்கும். உழவர்களுக்கும் கட்டுப்படி ஆகும் விலை கிடைக்கும். கடன் தொல்லைகளிலிருந்து விடுபட முடியும். தவிர கடன் தள்ளுபடி என்பது நிரந்தர தீர்வல்ல. விலை நிர்ணயம் என்பது அரசுக்கு அதிகபட்ச செலவு தரும் தீர்வு. அனைத்து விவசாய உற்பத்தி பொருட்களுக்கும் ஆதார விலை கேட்கிறார்கள். அரசே கொள்முதல் செய்ய வேண்டும். இப்போதைய பொருளாதார நெருக்கடியில் எப்படி சாத்தியம்? ஏற்கனவே அரசு 27 விளை பொருள்களுக்கு ஆதார விலை (MSP) என்று அறிவித்திருக்கிறது.

இதில் விவசாயிகளுக்கு திருப்தியில்லை. வருடாவருடம் மாறிவரும் பருவ காலங்களும், இடுபொருள்கள் விலையும் அவர்களை திகைக்க வைக்கிறது. எங்கும் விலை கேட்டு போராட்டங்கள். மேலும் ஆதார விலையில், அரசு கொள்முதலில் ஏகப்பட்ட ஊழல்கள், குளறுபடிகள் என அரசுக்கு பெரும் கடன் சுமை தான் மிச்சம். ஊழல்வாதிகளுக்கு கொண்டாட்டமும் எளிய விவசாயிகளுக்கு வேதனையும் தான் மிச்சம்.

மழை நீர் சேகரிப்பு, காவிரிப் பிரச்சனை, நஞ்சில்லா உணவுப் பொருட்கள் என்பது போன்ற விசயங்களில் எனது கருத்து சற்று மாறுபட்டிருக்கலாம். நதி நீர் இணைப்பு என்பது தற்போதைய சூழலில் நடவாத ஒன்று என்பது என் வாதம். இது சற்று வித்தியாசமாகப்படலாம். ஆனால் விடையில்லாத கேள்விகளோடு போராட முடியாது! பல்வேறு அரசியல் குழப்பங்கள், விவசாயிகளின் உணர்ச்சிகரமான போராட்டங்கள் இவற்றின் மத்தியில் நாம் எப்போது நதிகளை இணைப்பது?

அதனை விடுத்து நமது வெள்ளநீர், மழைநீர் கொண்டு ஏரி, குளங்களை ஒருமுறை நிரப்பினால் அடுத்த மூன்று ஆண்டுகளுக்கு நிலத்தடி நீர் கைகொடுக்குமே!

ராஜஸ்தான் மாநிலத்தில் தண்ணீர் புரட்சியை ஏற்படுத்திய மாமனிதர், தண்ணீர் மனிதர் ராஜேந்திர சிங் சொல்வது என்ன?

தமிழ்நாட்டின் வறட்சிக்கு 3 காரணங்கள்:

1. அதிகப்படியான நிலத்தடி நீர் பயன்பாடு
2. அதிகப்படியான ஆற்று மணல் எடுத்தது.
3. நதிகள் மாசுபடல்

இவர் சொல்லும் தீர்வு:- நீர்நிலைகளை, கிராம மக்களிடம் ஒப்படையுங்கள். ஏரி குளங்களை மேம்படுத்தி ஆறுகளிடம் இணையுங்கள். பிரச்சினை எங்கு உள்ளதோ அங்கேயே தீர்வை தேடுங்கள். கிராமத்திற்கான திட்டங்களை தீட்டுங்கள். அதுதான்

நீண்ட கால பலனைக் கொடுக்கும். இதனையே நர்மதா நதிநீர் பாதுகாப்பு அமைப்பின் தலைவர் மேதாபட்கர் சொல்கிறார். பெரிய நதிநீர் இணைப்பு போன்றவை பயன் தராது. சுற்றுச்சூழலை மாசுபடுத்தும். அதை விடுத்து அந்தந்த கிராம மக்களிடம் பேசுங்கள். ஏரிகுளங்களை அருகிலுள்ள ஆற்றோடு இணையுங்கள். இதுதான் எளிய தீர்வு!

2.
பொருளாதார சரிவு

நாட்டின் பொருளாதார மந்த நிலை அனைவரையும் கவலை கொள்ள வைக்கிறது. 2017-18ன் நான்காம் காலாண்டில் 81% ஆக இருந்த வளர்ச்சி 2019-20ன் இரண்டாம் காலாண்டில் 45% ஆக குறைந்து நம்மை கவலையில் ஆழ்த்துகிறது.

வாகனங்கள், நுகர்வோர் பயன்பாட்டுப் பொருட்கள், வீட்டு உபயோகப் பொருட்கள் போன்ற முக்கியமான துறைகளில் நுகர்வு குறைந்திருக்கிறது. அரசின் மூலதன முதலீடுகளும், நிதிக் கொள்கைகளும் பொருளாதார மேம்பாட்டை நோக்கி செலுத்தப்பட வேண்டும்.

ஏனைய துறைகளை விட 54 விழுக்காடு மக்களை சார்ந்துள்ள வேளாண்மைத்துறை ஏன் அரசின் கவனத்தை ஈர்க்கவில்லை? எண்ணெய் வித்துக்கள், சமையல் எண்ணெய், பருப்பு வகைகளின் இறக்குமதியை தவிர்த்து நமது வேளாண் பொருட்களின் ஏற்றுமதியை கூட்டலாமே! கொரோனா பாதிப்பிற்கு பிறகு உலகம் முழுவதிலும் இந்திய Organic உணவுப்பொருட்களுக்கான சந்தை

விரிவடைந்துள்ளது. இதை பயன்படுத்தி நம் உழவர்களின் கண்ணீரை துடைக்க முடியுமே!

வேளாண் ஏற்றுமதி பெருகினால், உழவர்களுக்கு கட்டுப்படி ஆகும் விலை கிடைக்கும். பணப்புழக்கம் அதிகரிக்கும். அவர்களின் நுகர்வு கூடும். கடன் தள்ளுபடி, உர மானியம் போன்ற பயமுறுத்தும் தொல்லைகள் காணாமல் போய்விடும். சுற்றுச்சூழல் மேம்படும். மக்களின் நலன் மேம்படும்.

உள்நாட்டு வாணிபம்:- உள்நாட்டில் உற்பத்தி செய்யப்படும் பொருட்கள் உள்நாட்டு மக்களின் தேவைக்கு விற்பனை செய்யப்படுவதே உள்நாட்டு வாணிபம். சிமெண்ட், கார்கள், சைக்கிள்கள், கட்டுமானப் பொருட்கள், காகிதம், துணிமணிகள், பருத்தி நூல், செயற்கை இழைகள், இரும்பு உருக்கு சாமான்கள், மருந்துகள், உரம், பூச்சிக்கொல்லிகள், உணவுப் பொருட்கள், அழகுசாதனப்பொருட்கள், மின்சாதனங்கள், டிவி, கம்ப்யூட்டர் போன்றவை உள்நாட்டில் தயாரிக்கப்பட்டு பெரும்பாலும் உள்நாட்டு மக்களுக்கு விற்பனை செய்யப்படுகிறது.

இந்த உள்நாட்டு விற்பனை அனைத்தும் இந்திய நாணயத்தில் நடைபெறுகிறது. இதற்கான மூலப்பொருட்கள் பெரும்பாலும் உள்நாட்டிலே கிடைக்கும். இந்தப் பொருட்களின் விற்பனையில் அரசுக்கு பெருமளவில் வருமானம் (GST) கிடைக்கிறது. பெரும் வேலைவாய்ப்புகளை தருகின்ற துறையாக இருக்கிறது. உள்நாட்டு வியாபாரம், மக்களின் வாங்கும் சக்திக்கு ஏற்ப கூடி, குறைகிறது. பொருளாதாரம், நல்ல நிலையில்

இருக்கும் போது சிறப்பாக விற்றுத் தீர்க்கும் இந்தப் பொருட்களின் விற்பனை மந்த நிலையில் தள்ளாடும். அப்போது அரசின் வருமானமும் குறைகிறது. உள்நாட்டு உற்பத்தியில் ஒரு சில பொருட்களின் விற்பனை குறையும்போது அது சார்ந்த வேறு சில பொருட்களின் உற்பத்தியும் விற்பனையும் குறையும். உதாரணத்திற்கு வீட்டு மனைகள் விற்பனை குறையும்போது கட்டுமானப் பொருட்களான சிமெண்ட், கம்பி, டைல்ஸ், மின்சாதனப் பொருட்கள், பெயிண்ட் விற்பனை குறையும். உள்நாட்டு உற்பத்தி விற்பனையை (GDP) என்ற அலகில் அளப்போம்.

உள்நாட்டு வாணிபம் மக்கள் வாழ்வில் பெரிய மாற்றங்களை, தாக்கத்தை ஏற்படுத்தும் சாதனம். சில பொருட்களின் விலைவாசி ஏற்றம், (உ.ம். வெங்காயம், தக்காளி) அரசியலை, ஆட்சியை ஆட்டிப் படைக்கும் வல்லமை படைத்தது.

அயல்நாட்டு வாணிபம்:- உள்நாட்டில் உற்பத்தி செய்யப்பட்டு வெளிநாடுகளுக்கு விற்பனைக்கு அனுப்பப்படும் வியாபாரத்தை ஏற்றுமதி என்கிறோம். உள்நாட்டு வியாபாரம் என்பது கட்டிடத்தின் அஸ்திவாரம் எனில் வெளிநாட்டு வியாபாரம் என்பது கட்டிடத்தின் புறத்தோற்றம் எனலாம். அதேபோல ஒரு நாட்டிற்கு இரு கண்கள் என்றும் கூறலாம். வெளிநாட்டு வியாபாரம் என்பது பொருளாதாரத்தின் அச்சாணி என்றும் கூறலாம்.

மேலும் பல்வேறு அயல்நாட்டு வாணிபப் பொருட்கள் உள்நாட்டின் உற்பத்திக்கு காரணிகள்

ஆகின்றன. உதாரணத்திற்கு பெட்ரோல், டீசல், உரம் போன்றவை. அயல்நாட்டு வாணிபத்தில் ஏற்றுமதி மற்றும் இறக்குமதிக்கு சமமான இடமுண்டு.

ஏற்றுமதி வியாபாரம் நடக்கின்ற நாடுகளிலிருந்து இறக்குமதி செய்தாக வேண்டிய நிலையும் உள்ளது. உலகமயமாக்கல், உலக சந்தையின் விதிமுறைகள் அவ்வாறு கட்டமைக்கப் பட்டுள்ளன. வெளிநாடுகளுக்கான ஏற்றுமதி மற்றும் இறக்குமதி சம்பந்தப்பட்ட நடவடிக்கைகளே அயல்நாட்டு வாணிபம் எனப்படுகிறது. ஒரு நாட்டின் இறக்குமதியை விட ஏற்றுமதி அதிகமாகும் போது தான் அந்நாடு வலிமையான பொருளாதாரத்தை அடைகிறது.

அந்நிய செலாவணி:- வெளிநாட்டு வாணிபத்தில் நாம்பெறுவதே அந்நிய செலாவணி. டாலர்களிலும், பவுண்ட்க ளிலும், யென்களிலும் பெறுகிறோம். இந்த செலாவணி கையிருப்பில் உள்ளதே நமது பொருளாதார வலிமை எனலாம்.

இந்தியாவை பொறுத்தவரை பெட்ரோலியப் பொருட்கள், எரிவாயு, உரம், ராணுவ தளவாடங்கள் போன்றவற்றுக்கு அந்திய செவாவணியை உபயோகிக்கிறோம். 1950களில் உணவு தானிய இறக்குமதிக்காக ஏராளமாக, அந்நிய செலாவணியை செலவிட்டு திண்டாடிக் கொண்டிருந்த நிலை மாறி உணவு தானியம் ஏற்றுமதி செய்யும் நிலையை எட்டி விட்டோம். ஆயினும் அதிகமாகி வரும் பெட்ரோலிய பொருட்களின் நுகர்வு, நமது அந்நிய செலாவணியில் பெரும்பகுதியை விழுங்கி

விடுகிறது. இன்றும் கூட சமையல் எண்ணெய், பருப்பு வகைகள் என கொஞ்சம் உணவுப்பொருள் இறக்குமதியாகின்றது.

எல்லாத் தடைகளையும் தாண்டியும் தற்போது போதுமான அளவு அந்நிய செலாவணி கையிருப்பு உள்ளது என்பது மகிழ்வான செய்தியே! பெட்ரோலியப் பொருட்கள், பெரிய மின்திட்டங்கள், ரயில்வே ராணுவ தளவாடங்கள் மற்றும் விமான போக்குவரத்துக்கு நாம் பிற நாடுகளை சார்ந்திருக்க வேண்டியிருப்பதால் அந்நிய செலாவணி கட்டாயம் மேலும் தேவைப்படுகிறது.

80களில் பேசப்பட்டது: 75% உழவர்கள் வேளாண்மையை விட்டு வெளியேற வேண்டும். ஆனால் இந்திய உழவர்களைப் பொறுத்து வேளாண்மை என்பது லாபம் பார்க்கும் தொழிலல்ல! உணர்வோடு கலந்தது!! நிலங்களை விட்டு வருவதும் உயிரை விடுவதும் ஒன்றே என நினைப்பவர்கள் என வினோபாஜி குறிப்பிடுகிறார். இந்திய விவசாயி பணத்துக்காக பயிரிடுவ தில்லை. அப்படி நினைத்தால் கோதுமைக்கு பதில் கஞ்சா பயிரிடுவான்! சின்னஞ்சிறு விவசாயிகளை லாபகரமாக விவசாயம் செய்ய வைப்பது ஒன்றே இந்திய வேளாண்மையை உயிர் பெறச் செய்யும் உபாயம். மேற்கத்திய நாடுகளின் பாணி இங்கு ஒத்து வராது.

ஒரு ஏக்கரில் பகுதி மக்காச்சோளம், 1 வயல் தக்காளி, 1 வயல் கத்தரி பயிரிடும் ஒரு விவசாயியின் வருட வருமானமே 1 லட்சத்துக்கும் குறைவு எனும்போது அவன் எங்கே டிராக்டர், டில்லர்,

வீடர் என்று இயந்திரங்களில் முதலீடு செய்வது. மேலும் நீர்ப்பாசனம் என்பது இந்தியாவில் இன்று இங்கே மிகவும் விலையுயர்ந்ததாகி விட்டது. 1 ஏக்கர் என்றாலும் 5 லட்சம் செலவு செய்து, போர், மோட்டார், மின் இணைப்பு என்று கடன் வாங்கி செய்தாலும் நிலத்தடி நீர் ஏமாற்றி விடுகிறது. ஒரு ஆண்டில் காணாமல் போய்விடுகிறது.

இதனிடையே இயற்கை சீற்றம் வேறு. வாழை நட்டு முதல் ஆறு மாதம் நீரை விலைக்கு வாங்கி ஊற்றும் விவசாயிகளும் உண்டு. மரம் குலை தள்ளி அறுவடைக்கு தயாரான 10வது மாதத்தில் காற்றும் மழையும் வந்து ஒரே நாளில் அத்தனை மரங்களையும் சாய்த்து விடும் கொடூர நிகழ்வுகளும் நடக்கின்றன.

அனைத்து ஆதாரங்களுக்கும் வளர்ச்சிப் பணிகளுக்கும் அரசை, அரசு நிர்வாகத்தை முழுமையாக சார்ந்திருக்கும் நிலை உள்ளது. திறமையான அரசு அதிகாரிகளே இருப்பினும் அரசு இயந்திரம் என்பது இயந்திரத் தனமான செயல்பாடுகளில் தானே எடுத்துச்செல்லும். கற்பனைத் திறனோ, யதார்த்தத்தை புரிந்து கொண்டு செயல்படும் திறனோ இருக்காது. எவ்வளவோ நல்ல திறமையான, மக்கள் மீது அக்கறை உள்ள அதிகாரிகள் உள்ளனர். எனினும், எழுதப்பட்ட சட்டங்கள் வழியே மட்டும் செயல்பட முடியும் என்ற நிலை!

அடிப்படை உழவனின் பிரச்சினைகள், நீர்ப்பாசனம், தகுந்த வழிகாட்டுதல், பயிர் சாகுபடிக்கான ஆலோசனைகள், பொருளாதார

உதவிகள் போன்றவற்றை அரசோ, அரசு அதிகாரிகளோ புரிந்து கொள்ள முடியாது. அந்தந்த கிராம வேளாண் சபை உறுப்பினர்கள் மட்டுமே புரிந்து கொண்டு தேவையான உதவிகளை செய்ய முடியும். கிராம சபை தலைவர், செயலர்கள் அவருடைய பிரச்சினைகளை தீர்க்க முடியா விடில், ஒன்றிய சபைக்கு கொண்டு செல்வர். அது மாவட்டம் மற்றும் மண்டல சபையில் பேசப்படும் போது அரசின் நேரடி கவனத்திற்கு செல்கிறது. ஏதாவது ஒரு மட்டத்தில் அந்த சிறிய விவசாயியின் பிரச்சனை தீர்க்கப்பட்டே ஆகும். அதுதான் இந்த கட்டமைப்பின் சிறப்பு!

எல்லாம் அரசு செய்யும் என மக்கள் நினைக்கும் போதே அவர்களின் கடமை மறந்து விடுகிறது. இந்த நாட்டின் முன்னேற்றத்திற்கு நாம் ஒவ்வொருவரும் பொறுப்பு என்ற உணர்வு வர வேண்டும்.

சரியான கட்டமைப்புகளின் வேர்கள் ஆழமாக கிராமப் புறங்களில் நிலைத்து இருக்கும்போது அனைத்து மக்களும், அரசும் நெருக்கமாக இருப்பதை உணர முடியும். அரசின் லட்சியங்களும் நோக்கமும் ஒவ்வொரு குடிமகனுக்கும் போய்ச் சேரும்.

ஒவ்வொரு தனி மனிதனின் கடமையும், பொறுப்பும் அவன் உணர்ந்தே இருக்க வேண்டும். ஒரு சம்பவம். ஜப்பான் நாட்டு புகைவண்டியில் ஒரு இந்தியர் பயணம் செய்கிறார். எதிர் சீட்டில் உள்ள ஜப்பானியர் ஒருவர் வண்டியின் ஒரு சீட்டின் ஒரு ஓரத்தை ஊசிநூல் கொண்டு தைத்து வருகிறார். நமது ஊர்க்காரருக்கு ஒன்றும் புரியவில்லை. ஐயா,

என்ன செய்கிறீர்கள்? என்கிறார். அவரோ, சீட் கவர் கிழிந்துள்ளது. அதனை தைத்துக் கொண்டுள்ளேன் என்கிறார். நம்மவருக்கு தலை சுற்றுகிறது. இந்தியாவில் போராட்டம் என்ற பெயரில் எத்தனை ரயில் பெட்டிகளை அடித்து நொறுக்கியிருக்கிறோம். ஏன் தீயிட்டு கொளுத்தியிருக்கிறோம். எல்லாம் நமது சொத்தல்லவோ?

ஒவ்வொரு குடிமகனுக்கும் இது நம் நாடு, இது நம்முடைய சொத்து என்ற உணர்வு வர வேண்டும். அதை உருவாக்க இந்த அமைப்புகள் முயற்சி செய்ய வேண்டும்.

இந்தியாவில் வளர்ச்சித் திட்டம் என்பதில் எப்போதும் மேலிருந்து கீழாக செயல்படுகின்ற நடைமுறை தான் பின்பற்றப்பட்டு வருகிறது. இதுவே நம் வளர்ச்சிக்கு இடையூறாக உள்ளது.

நாம் சுதந்திரத்துடன் சேர்த்து வெள்ளையர்களின் நிர்வாக அமைப்பையும் வரிந்து கொண்டு விட்டோம். அவர்கள் நமக்கு சேவை செய்வதற்காக அல்லாமல் நம்மை அதிகாரத்துடன் ஆட்சி செய்வதற்காகத் தான் அப்படி ஒரு நிர்வாக அமைப்பு முறையை உருவாக்கி இருந்தார்கள்.

அதற்கு பதிலாக மக்களைக் கொண்டு செய்ய வைக்கிற வகையில் மக்களின் ஆற்றலை திறந்து விட அரசு கற்றுக் கொள்ள வேண்டும். அடக்கியாளும் வெள்ளையர்களின் நிர்வாக முறையை அப்படியே ஏற்றுக் கொண்டு இந்த ஜனநாயக நாட்டில்

இன்று திண்டாடுகிறோம். மக்கள் கல்வியறிவு பெற்று எவ்வளவோ முன்னேறிய பிறகும் பத்தாம் பசலித் தனமான நிர்வாக நடைமுறைகள் நமக்கு வளர்ச்சிக்கு முட்டுக்கட்டை போடுகின்றன. வெள்ளையர்களின் அரசு நம்மை அடக்கி ஆள வேண்டிய நிலையில் இருந்தது. அதற்கேற்ற நிர்வாக அமைப்பை உருவாக்கி இருந்தனர். இன்றோ இது நம் அரசு: சுதந்திரமான ஜனநாயக நாடு இது. இங்கே அவைகள் தேவையில்லை.

1 - 2 ஏக்கரில் விவசாயம் செய்யும் விவசாயி விற்பனை செய்து ஈட்டும் முதல் 1 - 2 லட்சம் மட்டுமே. அவர் தொழில்நுட்பம், விளம்பரம் செய்தல் போன்றவற்றில் முதலீடு செய்ய இயலாது.

ஆனால் 10 - 20 இலட்சம் உழவர்கள் ஒன்றிணையும் போது 5000 | 7000 கோடி விற்பனை செய்யும் பெரும் நிறுவனம் உருவாகிறது. பெரும் பதப்படுத்தும் ஆலைகள், நவீன தொழில்நுட்பம், சங்கிலி தொடர் போன்ற போக்குவரத்து, விளம்பரம், ஏற்றுமதி போன்றவற்றில் முதலீடு செய்து தொழிலை செயல்திறன் மிக்கதாக மாற்ற எளிதில் முடிகிறது. அமுல் போன்றே! (நம் கண் முன்னே நம் ஊரில் உள்ள மிகச் சரியான உதாரணம்:- அமுல்) இந்த 10 - 20 லட்சம் விவசாயிகளை ஒன்றிணைத்து செயல்படுத்த மட்டுமே வலுவான கரம் தேவைப்படுகிறது. அதனை அரசு செய்தால் போதும்.

வர்கீஸ் குரியன் (முன்னாள் தலைவர் அமுல்) குறிப்பிடுவது போல. கோடிக்கணக்கான

விவசாயிகளின் சக்தி அதன் மக்களின் சக்தி தான். இந்த விவசாயிகளின் சக்தியோடு தொழில் முறை நிர்வாகத் திறமை ஒன்றிணைந்தால் என்னவாகும்? இவர்களால் சாதிக்க முடியாதது என்று உள்ளதா? இந்திய பொருளாதாரத்தை தூக்கி நிறுத்த இந்த சக்தி போதாதா?

"பீலிபெய் சாகாடும் அச்சிறும் அப்பண்டம்

சால மிகுத்துப் பெயின்"

மெல்லிய பனை நார், கயிறாக திரிக்கப்படும்போது அதன் வலிமை என்ன? சிறு நாரின் வலிமை எங்கே?

10 - 20 லட்சம் விவசாயிகளை ஒன்றிணைப்பதாவது? சாத்தியமா அது? என்ற கேள்வி எழும். உண்மை தான். மிகக் கடினமான பணி இது. குரியன் போன்ற மாமனிதர்களாலும், திரிபுவன் தாஸ் படேல் போன்ற நேர்மையான, தொலைநோக்கு பார்வை கொண்ட அரசியல் தலைவர்களால் மட்டுமே முடியும் எனலாம். குரியன்களோ, திரிபுவன்தாஸ் போன்றவர்களோ நம்மிடையே நிறைய உண்டு. நம்பிக்கையுடன் தேடலாம்.

குரியன் அவர்கள் தன் சுயசரிதையில் குறிப்பிட்டுள்ளபடி ஒவ்வொரு விவசாயிக்கும் கூட்டுறவின் வலிமையை சக்தியை புரிய வைத்து விட்டால் மாபெரும் அதிசயம் நடக்கும். இந்த கூட்டுறவு அமைப்புகள், அவர்களுக்கு நல்ல விலையை பெற்றுத்தரும் என நம்பிக்கையூட்டிவிட்டால் அவர்களது முழு ஒத்துழைப்பும், ஆதரவும் நமக்கு கிடைக்கும்.

1953-54ல் 14,441 உறுப்பினர்களாக (உறுப்பினர் - விவசாயிகள்) இருந்த அமுலின் வலிமை 2003-04ல் 5,98,707 ஆக உயர்ந்தது மிகப்பெரும் சாதனை.

விவசாயிகளின் பிரச்சினைகளை புரிந்து கொண்டு அவர்களிடம், அவர்களின் பிரதிநிதிகளிடம் பேசினால் தீர்க்க முடியாதது எதுவுமில்லை. உயர் மின்கம்பி பாதையாகட்டும், எட்டு வழி சாலையாகட்டும், நதி நீர் இணைப்பாகட்டும், அனைத்துக்குமே அவர்களின் ஒப்புதலை எளிதில் பெற முடியும். சுயநல அரசியல்வாதிகளை மட்டும் ஒதுக்கிவிட்டு இந்த அமைப்புகளை செயல்படுத்திப் பாருங்கள்! உழவர்களின் சக்தியை புரிந்து கொள்ள முடியும்.

அரசியல் மற்றும் வியாபாரிகளின் நுழைவை கடுமையாக தவிர்த்து, சரியான மேலாண் நிபுணர்களின் வழிகாட்டுதலோடு வணிக ரீதியில் வெற்றி பெற இலக்குகளை ஏற்படுத்திக் கொண்டு செயல்பட்டால், உழவர்களுக்கு கட்டுபடியாகும் விலை தர முடியும். உபயோகிப்பாளர்களுக்கும் சரியான விலையில் நஞ்சில்லா பொருட்கள் கிடைக்கும்.

அரசுக்கு மானிய பாரம் குறையும். அதே சமயம் அரசு சில அம்சங்களில் மூலதன முதலீட்டை போட்டே ஆக வேண்டும்

1. ஏரி, குளங்களை தூர்வாரி அருகிலுள்ள ஆற்றோடு இணைக்க வேண்டும்.
2. வாய்க்கால் பாசனங்களை மேம்படுத்த கால்வாய்களை கான்கிரீட் தளம் கொண்டு மேம்படுத்த வேண்டும்.

3. ஆறுகளின் நீர்பிடிப்பு பகுதியை மேம்படுத்த வேண்டும் (காடுகளை அதிகப்படுத்த வேண்டும்)

4. கழிவு நீரை ஆறு, குளங்களில் கலக்காமல் செய்யவேண்டும்.

நல்ல குடிநீர் அனைவருக்கும் கிடைக்கும். நாடு முழுவதும் நிலத்தடி நீர்மட்டம் உயரும். மழை அளவும் கூடும். அரசு சுகாதாரத்துக்கும் மக்கள் நலனுக்கும் குடிநீருக்கும் செலவிடும் செலவு குறையும்.

மேலும் சாலை வசதிகள், மின்சார பாதைக்கான நிலம் எடுப்பது போன்ற விவசாயிகள் சார்ந்த பிரச்சினைகளுக்கு எளிதில் அவர்களின் தேர்ந்தெடுக்கப்பட்ட பிரதிநிதிகளிடம் பேச முடியும். தீர்வு காண முடியும்.

1. நதிநீர் தாவாக்களை எளிதில் முடித்து வைக்கலாம்.

2. சரியான பருவ காலத்தில் அணைகளை திறந்து மூட உழவர்களின் ஆலோசனைகள் உதவும். இதன் மூலம் அதிக மகசூல் எடுக்க முடியும்.

3. உழவர்களின் அனைத்து பிரச்சினைகளும் அரசுக்கு எளிதில் எட்டும்.

4. அரசின் எல்லா கொள்கை முடிவுகளும் உழவர்களை எளிதில் எட்டும்.

5. குடிமராமத்து, நீர் மேலாண்மை திட்டங்களை உழவர்களின் மேற்பார்வையில் முடித்து வைக்கலாம்.

6. அரசின் சலுகைகள், மானியங்கள் எளிதில் உழவர்களை எட்டும். சமீபத்தில் மத்திய அரசின் 'பிரதான் மந்திரி கிசான் சம்மன் திட்டம்' எப்படி நடந்தது என்பது நமக்கெல்லாம் தெரியும். இதையெல்லாம் எளிதில் தவிர்க்க முடியும்.

சுதந்திரம் அடைந்து 75 ஆண்டுகள் கழிந்தும் கூட வறுமை என்ற அப்பட்டமான பிரச்சினையை கிராமத்திலும் நகரத்திலும் நம்மால் தீர்க்க முடியவில்லை. நமக்கு தேவையான உணவுப் பொருளை, நம்மாலே உற்பத்தி செய்ய முடிகிறது என்பது பெரிய சாதனை தான்.

ஆனாலும் இந்த உணவை உற்பத்தி செய்கின்ற, கோடிக்கணக்கான உழவர்கள் கடனில் உழன்று மேலே வர முடியாமல் கண்ணீரில் தத்தளிக்கின்றனர். வசதி வாய்ப்புகள், மருத்துவம், கல்வி, ஏன் நல்ல குடிநீர் கூட அவர்களுக்கு எட்டாக் கனியாக இருப்பது எவ்வளவு பெரிய அவமானம்.

ஆதார வளங்களை உருவாக்குகின்ற பொறுப்பையும் நமது மக்களிடம் ஒப்படைத்திருந்தோம் என்றால் எவ்வளவோ வலிமையான தேசமாக இந்தியா உருமாறியிருக்கும். மகாத்மா சொன்ன கிராம ராஜ்யம், சுய சார்புள்ள கிராமங்கள் உருவாகி இருக்கும். நமது கிராம மக்களின் கைகளில் வளர்ச்சிக்கான வழிமுறைகளை ஒப்படைக்கும் போது அவர்களுடைய ஆற்றலையும் அனுபவ ஞானத்தையும், கடமையுணர்வு நிறைந்த தொழில் முறை வல்லுநர்களின் திறமையுடன்

சங்கமிக்க வைக்கும்போது அவர்களால் சாதிக்க முடியாதது எதுவுமில்லை.

நமது தேசத்தின் மிகப்பெரிய சொத்து நமது மக்கள் தான். ஆனால் நாம் தொடர்ந்து இந்த ஆதார வளத்தை அலட்சியப்படுத்தி வருகிறோம். ஆதார வளங்களையும் தேவையான வாய்ப்பு வசதிகளையும் உருவாக்குகிற பொறுப்பை மக்கள் சமூகத்திடம் ஒப்படைத்து விட்டு பதில் சொல்ல வேண்டிய பொறுப்பையும் அவர்களிடமே ஒப்படைத்தோம் என்றால் நமது கல்விக் கூடங்களும், பாசன அமைப்புகளும், சமுதாயத் திட்டங்களும் எவ்வளவோ சிறப்பாக பலன் தந்திருக்கும்.

அனைத்து ஆதார வளங்களுக்கும் நாம் அரசையே சார்ந்திருக்கும் ஒரு சிக்கலான நிலைமையை உருவாக்கி வைத்துள்ளோம். எல்லாம் அரசு செய்யும் என மக்கள் நினைக்கும் போது அவர்களின் கடமை மறந்து விடுகிறது. இந்த நாட்டின் முன்னேற்றத்திற்கு நாம் ஒவ்வொருவரும் பொறுப்பு என்ற உணர்வு வர வேண்டும்.

சரியான கட்டமைப்புகளின் வேர்கள் ஆழமாக கிராமப் புறங்களில் நிலைத்து இருக்கும்போது அனைத்து மக்களும், அரசும் நெருக்கமாக இருப்பதை உணர முடியும். அரசின் லட்சியங்களும், நோக்கமும் ஒவ்வொரு குடிமகனுக்கும் போய்ச்சேரும்.

இத்தனை லட்சம் விவசாயிகளை இயற்கை முறைக்கு மாற்ற முடியுமா? ஒரு வேளாண்துறை பேராசிரியரிடம் பேசிக் கொண்டிருந்த போது

சாத்தியமில்லை, முடியாது என்றே கூறினார். ஆனால் எனது சொந்த அனுபவத்தில், நான் ஒரு விவசாயக் குடும்பத்திலிருந்து வந்தவன். வியாபாரத்தோடு, வேளாண்மையையும் செய்து வருகிறேன். நான் கூட இயற்கை விவசாயம் நமது நாட்டிற்கு இப்போது சாத்தியமில்லை, முடியாது என எண்ணியிருந்தேன். நம்மாழ்வாரின் பேச்சுக்களை கேட்ட போது கூட அவநம்பிக்கையே மிஞ்சியது. ஆனால் பசுமை விகடனை தொடர்ந்து படித்து வரும்போதும் நிறைய உழவர்களின் அனுபவங்களை படிக்கும்போதும், நேரில் இயற்கை உழவர்களை சந்திக்கும் போதும் எனது அவநம்பிக்கை தளர்ந்து நம்பிக்கை பிறக்க ஆரம்பித்து விட்டது. இப்போது என்னிடம் 20 ஏக்கர் தென்னை, 10 ஏக்கர் நெல்லி, 30 ஏக்கர் முருங்கைக்கீரை சாகுபடியும் இயற்கை வேளாண்மையில் உள்ளன.

எத்தனையோ ஆயிரம் விவசாயிகளை இயற்கை வழி வேளாண்மைக்கு மாற்றியதில் (நான் உட்பட) பசுமை விகடனுக்கு பங்குண்டு. இந்த இதழில் (10.09.20) கூட ஒரு வேளாண்மை மாணவி எழுதியிருந்தார்.

பசுமை விகடன் ஏற்பாடு செய்த பஞ்சகாவ்யா நேரலை நிகழ்ச்சியில் நான் மட்டுமல்ல. வேளாண்மை பயிலும் என் தோழிகளும் கலந்து கொண்டனர். "பேராசிரியர்களிடம் பாடம் கேட்டு சலித்து போன எங்களுக்கு டாக்டர் நடராசனின் அனுபவ உரை பசுமரத்தாணி போல பதிந்தது" இதுதான் உண்மை. எத்தனை வேளாண்

நிபுணர்களும், பேராசிரியர்களும் கூறினாலும் கூட, அனுபவப்பட்ட, வெற்றி பெற்ற விவசாயியின் குரலே அனைவரது மனத்திலும் பதியும்.

தொடர்ந்த பயிற்சி வகுப்புகளை, வெற்றி பெற்ற விவசாயிகளின் முன்னிலையில் அவர்களின் தோட்டத்திலேயே நடத்தினால் நாம் எதிர்பார்க்கும் பலன் கிடைக்கும். திட்டமிட்டு, விடாப்பிடியாக பயிற்சி கொடுத்தால் அனைத்து விவசாயிகளையும் இயற்கை வேளாண்மைக்கு மாற்றி விட முடியும்.

"பருவம் தவறாமை, பகிர்ந்து அளித்தல், பாதுகாத்தல், உழைத்து வாழ்தல் போன்றவை உயர்ந்த மனநிலையின் வெளிப்பாடு. இதை உழவர்களிடம் மட்டுமே காண முடியும்."

ஆனால் இன்றைய உலகம் அவனிடம் உள்ள அத்தனை நல்ல குணங்களையும் நாசம் செய்து விட்டது. கிராமத்தில் வாழ்ந்தால் எதுவும் கிடைக்காது என்று திரும்ப திரும்ப சொல்லி நகரங்களுக்கு அவனை அனுப்பும் நாசக்கார செயல் தொடந்து நடைபெறுகிறது! - E.F. ஷூமாஸர் ஆக்ஸ்போர்டு பல்கலைக்கழகம், Small is Beautiful என்ற நூலாசிரியர்.

குரியனின் கூற்றுப்படி வல்லபாய் பட்டேல் அவர்களின் நோக்கம் தான் அமுல் என்ற சாமராஜ்ஜியத்தை கட்டி எழுப்பியது என்கிறார். இன்றும் சர்தார் வல்லபாய் பட்டேலின் வழித்தோன்றல் என பாராட்டப்படும் நம் பிரதமரின் நோக்கம் கூட வலிமையான பாரதம் ஒன்றே. அந்த

வலிமையான பாரதத்தை உருவாக்க அனைத்து மக்களும் வளம் பெற வேண்டும் அல்லவா? 54 விழுக்காடு கொண்ட உழவர்கள் மறுமலர்ச்சி பெற வேண்டும் என்று அவர் நினைப்பதால் தான் உழவர்களின் வருவாயை இரட்டிப்பாக்க வேண்டும் என நினைக்கிறார். அது சரியான சிந்தனையே. உழவர்கள் மறுமலர்ச்சி பெற்றால் அவரது நோக்கம் 100 விழுக்காடு வெற்றியடைந்தது போல.

இடுபொருள் மானியம் என்பது அரசுக்கு மிகப்பெரும் செலவு. கடன் தள்ளுபடி என்பது உழவர்களின் துன்பங்களை களைய நிரந்தர தீர்வல்ல. தற்காலிக உடனடி தீர்வு மட்டுமே. இல்லையெனில், கடன் தள்ளுபடி கேட்டு அடுத்த வருடமும் உழவர்கள் கோரிக்கை வைப்பார்கள். உழவர்களுக்கான நீர்ப்பாசனத்தை உறுதி செய்து விட்டு, விளைபொருட்களை சந்தைப்படுத்தும் ஏற்பாடுகளை அரசு செய்துவிட்டால் போதும். வேளாண் மறுமலர்ச்சி வந்து விடும்.

விவசாயிகளால், வேளாண் நிபுணர்களால் நிர்வகிக்கப்படும் கூட்டுறவு அமைப்பு வணிக ரீதியில் லாபகரமாக செயல்படுமாயின், மானியம், கடன் தள்ளுபடி போன்ற எந்த செலவுகளையும் வேளாண்மைத்துறை எதிர்பார்க்காது.

உழவர்கள் இணைக்கப்பட்டு வணிக ரீதியாக வெற்றி பெறும் வேளாண் கட்டமைப்புகள் உருவாக்கப்பட்டால் உழவர்கள் தங்கள் உற்பத்திக்கு சீரான கட்டுபடியாகும் விலை பெறுவார்கள். நுகர்வோருக்கும் சரியான விலையில் வேளாண்

பொருட்கள் கிடைக்கும். அரசுக்கும் மானிய பாரம் குறையும்.

இடுபொருள் மானியம் என்பது பெட்ரோலியப் பொருட்களுக்கான செலவுக்கு அடுத்து வரும் மிகப்பெரிய தொகை. விவசாயிகள் கேட்கும் விவசாய கடன் தள்ளுபடி என்பதும் மிகப் பெரிய செலவுதான்.

ஆனால் இவையெல்லாம் உழவர்களின் கண்ணீரை துடைக்க போதுமானதா? இல்லை யென்று தான் கூற வேண்டும். உழவுத்தொழில் நட்டத்தில் நடக்கும் போது இவையெல்லாம் தற்காலிக தீர்வே. உழவர்களின் நீர்ப்பாசனத்தை உறுதி செய்து விட்டு, விளைபொருட்கள் சந்தைப்படுத்துதலே தான் உழவர்களின் துயர் துடைக்கும் நிரந்தர ஏற்பாடு.

பசுமைப்புரட்சியைப் போன்று உழவுத்தொழிலையும் மறுமலர்ச்சி செய்ய வேண்டிய நேரமிது. எவ்வளவு காலம் தான் உழவர்களை கண்ணீர் சிந்த வைப்பது?

துல்லிய ஆர்கானிக் பண்ணைத் திட்டம், லாபகரமாக செயல்படுமாயின், மானியம், கடன் தள்ளுபடி போன்ற எந்த சலுகைகளையும் வேளாண்துறை எதிர்பார்க்காது. உழவர்கள் வலுவாக இணைக்கப்பட்டு வணிக ரீதியில் வெற்றி பெறும் கட்டமைப்புகள், சரியான மேலாண்மை நிபுணர்களின் வழிகாட்டுதலில் செயல்படுமாயின் உழவர்கள் தங்கள் உற்பத்தி பொருளுக்கு

கட்டுபடியாகும் விலை பெறுவர். நுகர்வோருக்கும் சரியான விலையில் நஞ்சில்லா பொருட்கள் கிடைக்கும். அரசுக்கும் மானிய பாரம், சுகாதார செலவுகள் குறையும்.

உழவர்களின் வருமானம் இரட்டிப்பாக வேண்டும் என்பது நமது பிரதமரின் கனவாக இருக்கும் போது இது ஒன்றே உழவர்களின் கண்ணீரை துடைக்கும் மிகச் சரியான தீர்வு எனும் போது நம் முழு கவனமும் அதை நோக்கியே தான் இருக்க வேண்டும்.

விலை நிர்ணயம், அரசு கொள்முதல் என்று வரும்போது கணக்கற்ற ஊழலுக்கு வழிவகுத்து அரசுக்கு பெரும் நட்டத்தை ஏற்படுத்தும் என்பது தெரிந்த உண்மை தான்.

MSP (Minimum Support Price) குறைந்தபட்ச கொள்முதல் விலை என்று நிர்ணயிக்கப்பட்டால், முதலில் அதை நிர்ணயிப்பதில் ஏகப்பட்ட சிக்கல் வருமே.

1. பருவநிலை (கடும் மழை, வறட்சி, வெள்ளம்)
2. மழை
3. பூச்சி நோய் தாக்குதல்

போன்ற காரணங்களால் உற்பத்தி செலவு, வருடாவருடம் தலைகீழாக மாறிவரும் சூழலில் (MSP) என்பதே மிகவும் சர்ச்சைக்குரியதாகி விடுகிறது. மேலும் அரசு கொள்முதல் எனும்போது, ஊழல்வாதிகளுக்கும், சுயநலக்காரர்களுக்கும் கொண்டாட்டமே. இதில் பாதிக்கப்படுவது சிறு ஏழை விவசாயிகளும், அரசுமே.

தொடர்ந்த ரசாயன உரங்களாலும், பூச்சி, களைக்கொல்லி களாலும் மண் மலடாகிப் போனது. விளைச்சலும், தரமும் போய்விட்டன. இன்று உலகச் சந்தையில் நம்மால் போட்டி போட முடிய வில்லை. மக்காச்சோளம், கோதுமை, சர்க்கரை போன்றவற்றை விற்க முடியவில்லை. ஏனைய நாடுகளின் தரத்திற்கு போட்டி போட முடியவில்லை. நமது உற்பத்தி செலவு கூடிவிட்டது. அதனால் இந்த பொருட்கள் உள்நாட்டிலும் தேங்கி விட்டன. உழவர்களுக்கு நல்ல விலை கிடைக்கவில்லை. விவசாயிகளுக்கு நட்டமே. இந்த நிலையில் அரசின் ஆதார விலையும், கடன் தள்ளுபடியும் எத்தனை நாட்களுக்கு? அரசு என்ன செய்ய முடியும். இது போன்ற மந்தமான சூழ்நிலையில் என்ன செய்ய முடியும்? நம் கண்முன்னே தென்படும் ஒரே வழி இயற்கை வேளாண்மை தான்' இது உழவர்களின் கண்ணீரை துடைப்பதுடன், மக்களின் நலனுக்கும் துணை நிற்கும். அரசு வேளாண் மானியத்துக்கும் சுகாதாரத்துக்கும் செலவிடும் தொகை குறையும்.

திரு. ரங்கராஜன் (முன்னாள் RBI கவர்னர்) எழுதியது போல, அரசு மூலதன முதலீடுகளை அதிகரிப்பது ஒன்றே பொருளாதாரம் தழைக்க உடனடி வழி என்கிறார். ஆனால் எந்த துறையில் முதலீடு என்பதில் தான் அரசால் முடிவெடுக்க முடியாத குழப்பம்! அரசு தன் பார்வையை கொஞ்சம் விசாலமாக்கி பார்க்கட்டும். 110 கோடி பேர் வாழும் நாட்டில் 54 விழுக்காடு மக்கள் வேளாண்மையை செய்கிறார்கள் என்றால் அந்த துறையில் முதலீடு செய்வது தானே சரியான தீர்வு.

நாட்டின் நுகர்வு கலாச்சாரம் மேலோங்கினால், பொருளாதார வளர்ச்சி அனைத்து பிரிவு மக்களையும் சென்றடையும் என்றே தான் அனைத்து நிபுணர்களும் கருத்து சொல்கிறார்கள்.

அதனால் அரசு முன்னுரிமை தரவேண்டிய துறை விவசாயம் தான் என்பதில் மாற்றுக் கருத்து இல்லை. ஆனாலும் அரசு வேளாண்துறைக்கு முன்னுரிமை கொடுக்கத் தயங்குகிறது. நஞ்சில்லா உணவுப்பொருட்கள், பழங்கள், காய்கறிகள், தானியங்கள், இறைச்சி, முட்டை போன்ற பொருட்களுக்கு பெரிய சந்தை வாய்ப்பு உள்ள போது அதனை ஒட்டியே நமது கட்டமைப்புகள் ஏற்படுத்தப்பட வேண்டும்.

நாட்டின் பொருளாதார தேக்க நிலை உள்ள நேரத்தில் ஏன் வேளாண் மறுமலர்ச்சியை பேச வேண்டும்?

இது சரியான நேரம் தானா? இந்த கேள்விகளுக்கு விடையை பார்ப்போம்!!

பொருளாதார தேக்க நிலையை மீட்டெடுக்க அரசு நினைக்கும் போது தான் தொழில்களின் ஏற்றத்தாழ்வுகள், வாய்ப்புகள் பற்றி ஆலோசிப்பார்கள், மேலும் எந்த துறையில் முதலீடுகளை அதிகப்படுத்தவேண்டும், எவ்வளவு முதலீடுகளை போட வேண்டும் என்று யோசிக்கின்ற தருணம். எனவே தான் விவசாயிகளின் நிலை, பொருளாதாரத்தில் அவர்களின் பங்கு என்றெல்லாம் பேச வேண்டியுள்ளது.

140 கோடி ஜனத்தொகை உள்ள தேசத்தில் 55 சதவிகித மக்கள் (77 கோடி பேர்) ஒரு தொழில் செய்கிறார்கள் என்றால் அது தானே பேசப்பட வேண்டும். அந்த மக்கள் தான் கைதூக்கி விடப்பட வேண்டும்.

பெரும்பான்மை மக்கள் முன்னேற்றம் பெறும்போது, நாட்டில் நுகர்வு கலாச்சாரம் கூடும்; அனைத்து உபயோகப் பொருட்களும் நன்கு விற்பனை ஆகுமெனில் எல்லா தொழில்களும் செழித்து வளர ஏதுவாகும். கார், இருசக்கர வாகனங்கள், வீடு, சிமெண்ட், வீட்டு அலங்கார பொருட்களும் துணிமணிகள், உணவுப்பொருட்கள், அழகு சாதனபொருட்கள் முதலியன நன்கு விற்பனையாகும். அரசுக்கு நன்கு வருமானம் (GST) வரும் பணப்புழக்கம் அதிகரிக்கும்.

மீதமாகும் பணத்தை மக்கள் வேறு வகையில் முதலீடு செய்யும்போது ஏனைய முதலீட்டு துறைகள் (வங்கிகள் பங்குகள், இன்சூரன்ஸ்) முதலியன செழிப்புறும். மேலும் அரசு நீர்ப்பாசனம், ஏரிகுளங்களை பராமரித்து மழைநீர் சேகரிப்பு என முதலீடுகள் செய்யும்போது, பொது சுகாதாரம் மேம்படும் குடிநீருக்கான புதிய திட்டங்கள் ஏதும் தேவையிருக்காது. இத்தனை நன்மைகளும் வேளாண் மறுமலர்ச்சியின் துணை பலன்களே. மேலும் அரசுக்கு உரமானியங்களின் பாரம் குறையும். நேரடி கொள்முதலில் அரசு செய்யும் முதலீடுகள் குறையும்.

வெள்ளநீர் பாதிப்பு, வறட்சி நிவாரணம் என்ற பெரிய செலவுகள் ஓரளவுக்கு கட்டுக்குள் வந்து

சேரும்.வேளாண்மைக்கான துறையில் அரசு முதலீடு செய்யின் பெரும் பயன்களை அடைய முடியும்.

'ஒரு மடங்கு பணத்தை நீரில் முதலீடு செய்தால் ஐம்பது மடங்கு திரும்பிவரும்" என்பது பழைய பழமொழி. விவசாயிகளுக்கு இப்போது உர மானியத்தும், MSP க்கும் ஆக அரசு செலவிடும் தொகையில் ஒருசிறு பகுதி போதும்.

நீர்ப்பாசனத்தை மேம்படுத்துதல்:

* ஏரி குளங்களை சீர்ப்படுத்தி அருகிலுள்ள ஆறுகளோடு இணைத்தல்.
* கழிவுநீர், ஆலைக்கழிவுகளை தூய்மைப்படுத்தி, ஆறுகுளங்களில் விட வேண்டும்.

விளைபொருட்களை சந்தைப்படுத்துதல்:

ஏற்கனவே அமுல் பால்பண்ணையின் ஒரு பிரிவாகிய "மதர்ஸ் டெய்ரி" டெல்லியிலும் வட மாநிலங்களிலும், SAFOL என்ற பெயரில் விவசாய விளைபொருட்களை நியாயமான விலையில் நுகர்வோருக்கு விற்பனை செய்கிறது.

குறைந்த முதலீட்டு செலவுகளில் மேற்சொன்ன விஷயங்களை அரசு செயல்படுத்தினாலே அபாரமான பலன்களை காணமுடியும்.

கொஞ்சம் விசாலமாக இந்தியாவை பார்க்கும் தலைமையையும், தமிழகத்தை வழி நடத்தும் தலைமையையும் ஆட்சிபொறுப்பில் உள்ள

இந்த அரிய நேரம் விவசாயிகளின் பொற்காலம் என்றே கூறலாம். இவர்களின் பார்வை கொஞ்சம் விவசாயிகளின் பக்கம் திரும்பினால் இதையெல்லாம் நொடியில் முடித்து வைப்பார்கள். அந்த ஒரு நோக்கத்தோடுதான் இந்த கட்டுரை தொகுப்பு எழுதப்பட்டுள்ளது.

3.
பொருளாதாரத்தில் வேளாண்மையின் பங்கு வேளாண் மறுமலர்ச்சி

பொருளாதார வளர்ச்சியில் வேளாண்மையின் உண்மையான பங்கு எவ்வளவு? எப்படி சாத்தியமாகும்? என்பன போன்ற வினாக்கள் எழுகின்றன.

1. 54 விழுக்காடு மக்கள் தொகை உள்ள சமூகம் பொருளாதாரத்தில் மேம்பாடு அடையும்போது மொத்த பொருளாதாரமும் மேம்பாடு அடையும் என்பது தானே உண்மை.

2. கிரேக்க பொருளாதார அறிஞர் யானிஸ் வருஃபாகிஸ் கூறுவது போல வேளாண்மையின் உபரி தான் அனைத்து வாழ்வியல் முன்னேற்றங்களுக்கும் அடிப்படை வித்து. உபரியில் இருந்து எடுத்து தான், பணம், அரசுகள், அதிகாரம், மதம், தொழில்நுட்பம் ஆகியவை உருவாகின.

பொருளியலாளர் கூறுகிறார்: 'உணவு உற்பத்தியை அதிகரிக்கச் செய்யும் வழிமுறைகளை மேம்படுத்திய போது, மனித சமுதாயம் பெரும் மாற்றமடைந்தது. பொருளாதாரம் என்று அழைக்கப்படுவதன் அடிப்படை அம்சத்தை வேளாண் உற்பத்தி உருவாக்கியது. அதுதான் உபரி.

உபரி என்றால் என்ன? நிலத்தில் விளைந்தவற்றில் நாம் உண்பவையும் பயிர் விளைச்சலுக்கு நாம் முதலில் பயன்படுத்த விதைகளுக்கு ஈடான விதைகளை எடுத்து வைத்துக் கொண்டவை போக மீதி இருப்பதுதான் தொடக்கத்தில் உபரியாக கருதப்பட்டது. இன்னும் சொல்லப்போனால், திரட்டி வைக்கப்பட்டு எதிர்காலப் பயன்பாட்டுக்கு உதவுகிற வகையில் மிச்சம் மீதியுள்ளவை தான் உபரி. எடுத்துக்காட்டாக தேவைப்படும் சமயத்தில் பயன்படுத்துவதற்கோ (கனமழை காரணமாக அடுத்த அறுவடை நாசமடைந்து விட்டால்) அடுத்த ஆண்டில் கூடுதலாக விதைப்பதற்கோ, வரும் ஆண்டுகளில் உற்பத்தியையும் கையிருப்பையும் அதிகரிப்பதற்கே பயன்படுத்துவது தான் உபரி.

முதலாவதாக வேட்டையாடும் சமூகத்தில் சேமித்து வைக்க ஒன்றுமில்லை. இயற்கையான காய்கறிகள், பழங்களில் உபரி என்று ஏதும் சேமிக்க முடியாது. நன்கு பாதுகாத்து வைக்கக் கூடிய சோளம், நெல், பார்லி, கோதுமை போன்ற தானியங்களின்றி, வேட்டைப்பொருட்களோ, இயற்கைப் பொருட்களோ உபரியாக கருத முடியாது.

உபரி, மனித குலத்தை என்றென்றும் மாற்றத்துக்கு உட்படுத்தும் பின்வரும் அதிசயங்களை தோற்றுவித்தது. எழுத்து, கடன், பணம், அரசுகள், அதிகார வர்க்கம், ராணுவம், மதகுருக்கள் கூட்டம், தொழில்நுட்பம் ஆகியவற்றிற்கான அடிப்படையாக அமைந்தது. எனவே வேளாண்மை தான் அனைத்து வகையான மனித குல முன்னேற்றங்களுக்கு அடிப்படையாக அமைந்தது.

வேளாண்மை சீர்குலையும்போது ஒட்டுமொத்த தேசப் பொருளாதாரம் சீர்குலைவதும், வேளாண்மை மேலோங்கும் போது ஒட்டுமொத்த தேசமும் நிமிர்ந்து உட்காரும் என்பதும் கண்கூடான உண்மை

நன்றி - பொருளாதாரம் பற்றி என் மகளுக்கு அளித்த விளக்கம். யானிஸ் வருஃபானிஸ் 2013. கிரேக்க பொருளியல் நிபுணர்.

வேளாண் மறுமலர்ச்சி என்பது, விவசாயிகளை கைதூக்கி விடும் செயல் மட்டுமல்ல: ஒட்டுமொத்த தேசத்தின் பொருளாதார எழுச்சிக்கும் வழிவகுக்கும் செயல் என்பதே உண்மை.

உபரி என்ற சொல்லும், அதன் பொருளும், வேளாண்மையில் இருந்து வந்தது தான். அதுதான் அனைத்து பொருளாதார நடவடிக்கைகளுக்கும் மூலம் என்பதை பழைய கிரேக்க, ஐரோப்பிய பொருளாதார நிபுணர்கள் சுட்டிக் காட்டுவதை மறுக்க முடியாது.

பொருளாதாரத்தில் வேளாண்மையின் பங்கு: அரசின் வருமானம் வரக்கூடிய துறைகளில் வேளாண்மைத்துறை கடைக்கோடியில் இருக்கிறது.

ஆனால் அரசின் முதலீடுகள் வேளாண்மைத்துறைக்கு சற்று முதலீடு செய்யப்படின், 1. மழைநீர் சேகரிப்பு 2. துல்லிய பண்ணை திட்டத்தை ஊக்குவித்தல் போன்ற முதலீடுகளை அரசின் இதர துறைக்கான செலவுகளை மிகவும் குறைக்கும். முதலீடு செய்யப்படும்.

முதலீடு செய்யப்படும் துறைகள்

1. மழைநீர் சேகரிப்பு 2. கழிவுநீர் மேலாண்மை குடிநீர் சப்ளை பொது சுகாதாரம், மக்கள் நலன் 3. துல்லிய ஆர்கானிக் பண்ணை திட்டம் 4. கூட்டுறவு துறையில் பதப்படுத்தும் ஆலைகள் (துல்லிய பண்ணை திட்ட நிர்வாகம்)

மீதமாகும் செலவுகள்

விவசாய மானியங்கள், உணவு இறக்குமதி வேளாண் பொருட்கள் ஏற்றுமதியில் கிடைக்கும் அந்நிய செலாவணி நிர்வாகம்)

உழவர்களின் மறுமலர்ச்சிக்கு இன்றைய தேவை:

1. நீர்ப்பாசனம்
2. தடையற்ற மின்சாரம்
3. விளைபொருட்களுக்கான கட்டுப்படியாகும் விலை

வேளாண் மறுமலர்ச்சி என்பது தொலைநோக்கு பார்வையில் பார்த்தால் எல்லோருக்கும் குடிநீர் மற்றும் சுகாதாரமான வாழ்க்கை என்று விரிவடையும்.

தடையற்ற மின்சாரம்: அரசு பல்வேறு எதிர்ப்புகளுக்கு இடையேயும், தடையற்ற மின்சாரத்தை அனைவருக்கும் (தொழில் மற்றும் விவசாயம்) வழங்குகிறது. நாடு முழுவதும் ஒரே கிரிட் என்ற நிலையை ஏற்படுத்த National Highway, National Power grit அமைப்பை ஏற்படுத்தி உள்ளனர். இதை போல மற்ற அம்சங்களான நீர்ப்பாசனம், விளைபொருட்களுக்கான சரியான விலை இரண்டும் விவசாயிகளின் மறுமலர்ச்சிக்கு இன்றியமையாத அம்சம். இவைகளை கூட நமது அரசு எளிதில் நிறைவேற்றி விடும் என நம்புகிறோம்.

வேளாண் மறுமலர்ச்சி என்றவுடன் முதல் கேள்வியே எதற்கு? ஏன் தேவையென்று கேட்கலாம்?

கோடிக்கணக்கான உழவர்கள் கடனில் தத்தளித்து கொண்டிருக்கும் போது அவர்களை கைதூக்கி விட என்ன வழியென சிந்திப்பது ஒரு முக்கிய பணியல்லவா?

1950களில் 47 கோடிப் பேருக்கு உணவுப் பொருட்களை இறக்குமதி செய்தும் மக்களுக்கு சரிவர உணவளிக்க முடியாமல் திண்டாடிய காலம் மாறி தற்போது 110 கோடிப் பேருக்கும் உணவு உற்பத்தியில் தன்னிறைவு பெற்று ஏற்றுமதி செய்கின்ற நிலையை எட்டியுள்ளோம். இவ்வளவு மகத்தான வளர்ச்சிக்கு துணை நின்ற உழவர்களை கண்ணீரில் வாட விடலாமா?

பசுமைப் புரட்சி என்ற பெயரில் அளவற்ற ரசாயன உரங்கள், வீரிய விதைகள், பூச்சிக்

கொல்லி மருந்துகள், களைக்கொல்லிகள் என உழவர்களை திக்குமுக்காட செய்து விட்டு நமது வளமான நிலங்களை மலடாக்கி விட்டு அவர்களை கடனிலும், கண்ணீரிலும் தவிக்க விடுவது நியாயமா? நியாயமா?

உழவர்களின் துயர் துடைக்கவே வேளாண் மறுமலர்ச்சி: இதற்கு நமது பிரதமர் கூறுவது போல அவர்களின் வருமானம் இரட்டிப்பாக்கப் படவேண்டும். சாத்தியமா, இது? என்றால் சாத்தியமே என விடை கூறலாம்.

துல்லிய ஆர்கானிக் பண்ணைத்திட்டம் என்ற கூட்டுறவு அமைப்பின் மூலம் அனைத்து உழவர்களையும் நஞ்சில்லா உணவு உற்பத்திக்கு மாற்றினாலே பொருட்களின் மதிப்பு கூடும். மதிப்பு கூட்டப்பட்ட (Value add) விளைபொருட்களை நல்ல விலைக்கு உள்நாட்டிலும், அயல் நாடுகளிலும் நுகர்வோரை சென்றடையச் செய்யலாம்.

நஞ்சில்லா உணவுப்பொருள் என்றவுடன் அது மதிப்பு கூட்டப்பட்ட (Value add) பொருளாகி விடுமா? ஆம். பொருளின் தரத்தை கூட்டினால் நமக்கு நல்ல விலை கிடைக்குமே! இன்று உலகம் முழுக்க ஆர்கானிக் பொருட்களுக்கான சந்தை விரிவடைந்துள்ளது. வேளாண் பொருட்களை மதிப்பு கூட்ட (Value add) மிகச் சுருக்கமான, எளிய வழி, ஆர்கானிக் வழிமுறைதான். ஒரு காய்கறியை, பழத்தை கிளீன் செய்து, Freeze Dry பாக்கெட்டில் அடைத்தால் Value add ஆகி விடுகிறது. நல்ல விலைக்கு விற்க முடியும். ஆனால் அந்த தயாரிப்பு

செலவு என்ன? அதை விடுத்து ஆர்கானிக் ஆக விளைவித்தால் அந்த பொருள் Value add ஆகி விடுகிறது, குறைந்த செலவில்.

அப்படி எல்லா விளைபொருட்களையும் ஆர்கானிக் பொருட்களாக மாற்ற நினைக்கும்போது தான், இந்த துல்லிய ஆர்கானிக் பண்ணைத் திட்டம் நமக்கு கை கொடுக்கிறது.

வேளாண் மறுமலர்ச்சிக்கு, இயற்கை வேளாண்மைதான் மிகச்சிறந்த வழி என அரசு நினைக்குமானால், முடிவெடுக்குமானால், அதை விவசாயிகளிடம் கொண்டு சேர்க்க என்ன வழி?

அதேதான் 1950 - 60களில் பசுமைப் புரட்சிக்கு, அரசு மேற்கொண்ட அதே வழிமுறைதான்! அதே முனைப்பு!!

தற்போது உள்ள உயரிய தொழில்நுட்பங்களும், தகவல் தொடர்புகளும் மிக எளிதில் அனைத்து மக்களிடம் இதனை கொண்டு சென்று விடும்.

பசுமைப் புரட்சிக்கு அரசின் முயற்சிகள்:

1. உயர் விளைச்சல் தரும் ரகங்கள் பயிரிடப்படும் மாதிரிப் பண்ணைகள் கிராமந்தோறும் ஏற்படுத்தப்பட்டன.
2. பயிற்சி பெற்ற கிராம சேவகர்கள் ஏராளமாக பணியில் அமர்த்தப்பட்டனர்.
3. நல்விதை, நல்ல உரம், நற்காப்பு என்ற பச்சை முக்கோணம் பிரபலப்படுத்தப்பட்டது.

4. எல்லா ஒன்றிய விவசாய டெப்போக்களிலும், உரம், வீரிய விதைகள், பூச்சி மருந்துகள் போன்றவை உழவர்களுக்கு விற்பனை செய்யப்பட்டன. வட்டார வேளாண்மை அலுவலர் சிபாரிசுகளோடு.

5. மாவட்டந்தோறும் தீவிர விவசாயிகள் அடையாளம் காணப்பட்டனர். அதிக விளைச்சல் பெறும் போட்டிகள் நடைபெற்று, விவசாயிகள் பாராட்டப்பட்டனர்.

6. உயர் விளைச்சல் தரும் வீரிய ரகங்களை வாங்கிச்சென்ற விவசாயிகளிடம், வேளாண் அலுவலர்களும், கிராம சேவகர்களும் தொடர்பில் இருந்தனர்.

7. கிராமங்கள்தோறும் விவசாய விவாதக் குழுக்கள் ஏற்படுத்தப்பட்டன. இந்த குழுவின் விவசாயிகளுக்கு, ஆண்டுக்கு ஒருமுறை வேளாண் பல்கலைக்கழகத்தில் பயிற்சி, அண்டை மாநிலங்களின் வேளாண்மை மற்றும் பால் பண்ணைகளுக்கும் சுற்றுலா.

8. கிராம சேவகர்கள் ஒவ்வொரு தீவிர விவசாயியிடம் நெருங்கிய தொடர்பில் எப்போதும் இருப்பர்.

9. மாவட்டத்தில் நடக்கும் எல்லா விவசாயம் சம்பந்தமான அரசு விழாவிலும், மாவட்டத்தின் சிறந்த விவசாயிகள் இடம் பெறுவர்.

10. **தீவிர விவசாயம்** (வீரிய விதைகள், உரம், பூச்சிமருந்துகள்) **பற்றிய உணர்வும், தீவிர விவசாயிகளின் முக்கியத்துவமும் அனைத்து விவசாயிகளையும் சென்றடைய**

அரசு அனைத்து முயற்சிகளையும் மேற்கொண்டது.

11. ஒவ்வொரு தைப்பொங்கலன்றும், வேளாண் பல்கலைக் கழகத்தில், மாபெரும் உழவர் திருநாளும், புதிய ரகங்கள் அறிமுக விழாவும் நடைபெறும்.

விவசாய உற்பத்தித் திறனின் அடுத்த கட்டத்தின் அடித்தளம் விவசாய ஆராய்ச்சி மற்றும் விரிவாக்க முறைகளின் புத்துயிர் பெறுவதில் உள்ளது. இரண்டு மற்றும் மூன்று தலைமுறைகளுக்கு முந்தைய இந்தியர்களுக்கு, பாரம்பரிய அளவில் உணவு பற்றாக்குறை என்பது ஒரு யதார்த்தமாக இருந்தது. இது இன்று கற்பனை செய்வது கடினம். சுதந்திரத்தின் முதல் இரண்டு சகாப்தங்களுக்கு, பேரழிவு காரணமாக பஞ்சங்களால் குறிக்கப்பட்ட காலனித்துவ ஆட்சியின் ஒன்றரை நூற்றாண்டுக்குப் பிறகு, உணவு வழங்கலின் உடல் பற்றாக்குறையிலிருந்து இந்தியா ஒரு வேதனையான மெதுவான வேகத்தில் மட்டுமே தோன்றக்கூடும் என்று தோன்றியது. பசுமைப் புரட்சி அதையெல்லாம் மாற்றுவதாகும். மேலும் ஐந்து முதல் ஆறு ஆண்டுகளில் குறிப்பிடத்தக்க திருப்புமுனையில், இந்திய விவசாயம் வளர்ச்சியின் பாதையில் சென்றது. உதாரணமாக ஐந்து பயிர் பருவங்களில், 1967 முதல் 1972 வரை, கோதுமை உற்பத்தி இரட்டிப்பாகியது. இன்று, இந்தியா உலகின் முன்னணி விவசாய உற்பத்தியாளர்களில் ஒன்றாகும்.

ஒரு ஏக்கருக்கு பயிர் உற்பத்தியின் மதிப்பு என வரையறுக்கப்பட்ட உற்பத்தித் திறன் பற்றிய

நீண்ட கால பகுப்பாய்வில், தக்காசி குரோசாகி (ஜப்பானியப் பொருளாதார நிபுணர்) 1901 முதல் 1946-47 வரை உற்பத்தித் திறன் அல்லது மகசூல் - 0.01% தேக்கமடைந்து பின்னர் ஆண்டுக்கு 2.19% வளர்ச்சியடைந்துள்ளதாக மதிப்பிட்டார். 1947-48 முதல் 2003-04 வரை சுதந்திரத்திற்கு பிந்தைய காலத்தில் மிகவும் கவனமாகப் பார்த்தால், ஜே.எம்.ராவ் மற்றும் எஸ் புயல் 1949-50 முதல் 1964-65 வரை (பசுமைப் புரட்சிக்கு முந்தைய காலம்) கோதுமை விளைச்சல் ஆண்டுக்கு 1.27% அதிகரித்து, பின்னர் 1967 ஆம் ஆண்டில் ஆண்டுக்கு 2.55% அதிகரித்துள்ளது என்பதைக் கண்டறிந்தது. 81 (ஆரம்ப பசுமைப் புரட்சிக் காலம்) மற்றும் 1981-91 (பசுமைப் புரட்சிக் காலத்தின் பிற்பகுதி) இலிருந்து 3.06% ஆக அதிகரித்தது. அரிசிக்கு இதே போன்ற பாதை இருந்த போதிலும், ஊட்டச்சத்து தானியங்கள் (சோளம் மற்றும் கம்பு போன்றவை) மற்றும் பருப்பு வகைகள் உள்ளிட்ட பிற பயிர்களின் விளைச்சல் ஒரே மாதிரியாக அதிகரிக்கவில்லை.

பயிர் உற்பத்தியில் ஏற்பட்ட புரட்சியுடன், வேளாண்மை மற்றும் தோட்டக்கலை துறைகளான பழங்கள், காய்கறிகள், பால், கோழி, முட்டை உற்பத்தி மற்றும் உள்நாட்டு மீன்வளம் போன்றவை காலப்போக்கில், வளர்ச்சியடையத் தொடங்கியபோது அவற்றின் சொந்த தருணத்தைக் கொண்டிருந்தன. எடுத்துக்காட்டாக, பயிர் உற்பத்தியின் மொத்த மதிப்பில் பழங்கள் மற்றும் காய்கறிகளின் பங்கு 1990கள் மற்றும் 2000களில் உயர்ந்தது. கடந்த சகாப்தத்தின் முடிவில் விவசாய

உற்பத்தியின் மதிப்பில் கிட்டத்தட்ட கால் பங்கைக் கொண்டுள்ளது.

20ஆம் நூற்றாண்டின் அறிவியலின் மிகப் பெரிய சாதனைகளில் ஒன்று வேளாண் அறிவியலின் அசாதாரண வளர்ச்சி மற்றும் வேதியியல் மற்றும் உயிரியலில் முன்னேற்றம் ஆகியவை உலகளாவிய மக்களுக்கு உணவளிக்கவும் துணிமணிக்காகவும் வழிவகை செய்தன. வரலாற்றில் முதல் முறையாக இந்தியாவைப் பொறுத்தவரை, இந்த விஞ்ஞான முன்னேற்றங்கள் முக்கியமானவை. குறிப்பாக புதிய நிலங்களை பெரிய அளவில் சாகுபடிக்கு கொண்டு வருவதன் மூலம் உற்பத்தியை அதிகரிப்பதற்கான வாய்ப்பு சாத்தியம் வேளாண் உற்பத்தித் திறனை மெய்நிகர் தேக்கத்திலிருந்து வெளியே கொண்டு வரும் புதிய உயர் விளைச்சல் தரும் வகைகள், ரசாயன உரங்கள் மற்றும் தாவர பாதுகாப்பு ரசாயனங்கள் ஆகியவற்றை அறிவியல் வழங்கியது. மக்கள்தொகை வளர்ச்சியால் விஞ்சப்பட்ட உணவு விநியோக வளர்ச்சியின் நிரந்தர மால்தூசிய நெருக்கடியின் சிறந்த சிறப்பம்சமாக இந்தியாவைப் பார்த்துப் பழக்கப்பட்ட ஒரு உலகத்திற்கு, இது உண்மையில் ஆச்சர்யமாக இருந்தது. பசுமைப் புரட்சியைத் தொடர்ந்து, உணவு தானியங்களின் வளர்ச்சியின் வீதம் 1980 மற்றும் 90களில் இந்திய மக்கள்தொகையை விட அதிகமாக இருந்தது. பசுமைப் புரட்சி தேசத்தைத் தட்டியெழுப்புவதற்கான முயற்சிக்குக் கொண்டு வந்த புதிய நம்பிக்கை குறிப்பிடத்தக்கதாக இருந்தது. அதே நேரத்தில் விவசாயத்திலேயே,

அது வழங்கிய வேகமானது பல சகாப்தங்களாக நல்லதாக இருந்தது. எவ்வாறாயினும், 1991 ஆம் ஆண்டில் பொருளாதார தாராளமயமாக்கல் கொள்கைகள் அறிமுகப்படுத்தப்பட்ட பின்னர், குறிப்பாக 2000க்குப் பிந்தைய காலப் பகுதியில், இந்த வேகத்தை இழந்து விட்டது. ஓரளவு உற்பத்தி வளர்ச்சி மற்றும் உற்பத்தித் திறன் வளர்ச்சி விகிதத்தின் அடிப்படையில், ஆனால் எதிர்காலத்திற்கான ஒரு பாடத் திட்டத்தை நிர்ணயிப்பதில் இது மிகவும் குறிப்பிடத்தக்கதாகும்.

இந்தியாவில் வேளாண்மையை மீட்டெடுப்பதன் முக்கிய அம்சம், உற்பத்தித் திறனை அதிகரிப்பதற்கான கேள்வி. இது ஒரு விருப்பம் அல்ல, ஆனால் பல காரணங்களுக்கான தேவை. இந்திய மக்கள் தொகையின் அளவைப் பொறுத்தவரை, உணவு உற்பத்தியில் தன்னிறைவு, பயிர் உற்பத்தி மற்றும் பிற துறைகளை உள்ளடக்கியது. ஒரு மூலோபாய கட்டாயமாக உள்ளது. இறக்குமதிகள் அவ்வப்போது ஏற்ற இறக்கங்களை மென்மையாக்க உதவக்கூடும். குறிப்பிட்ட மதிப்பீடுகள் மாறுபடலாம் என்றாலும் வரவிருக்கும் சகாப்தங்களில் இந்தியாவின் மக்கள்தொகை தொடர்ந்து உயரும். இது 2050ஆம் ஆண்டில் சுமார் 1.7 பில்லியன் அளவுக்கு மட்டுமே உயரும் என்று எதிர்பார்க்கப்படுகிறது. தேவைப்படும் உற்பத்தியின் அதிகரிப்பு அளவு என்ன? அதிகாரப்பூர்வ மதிப்பீட்டில். தேசிய வேளாண் அறிவியல் அகாடமியின் தலைவர் பஞ்சாப் சிங், 2019 ஜூலை மாதம் தனது உரையில்

குறிப்பிட்டார். உணவு தானிய உற்பத்தி மட்டும் 2018-19 அளவை விட 44% அதிகரித்து 281 மில்லியன் டன் முதல் 405 வரை உயர்ந்துள்ளது. இத்தகைய மதிப்பீடுகளில் நேரடி நுகர்வு தேவைகள் மட்டுமல்லாமல், விதை, தீவனம் மற்றும் தொழில்துறை நுகர்வு ஆகியவற்றின் தேவையும் இழப்பும் மற்றும் வீணாக கணக்கில் எடுத்துக் கொள்ளப்படுகின்றன. இந்த சூழ்நிலையில் காய்கறி மற்றும் பழ உற்பத்தி 2050ஆம் ஆண்டில் முறையே 92% மற்றும் 220% ஆக அதிகரிக்க வேண்டும். நகர்ப்புற மற்றும் வேளாண்மை அல்லாத தேவைகளின் வளர்ச்சியைக் கருத்தில் கொண்டு சாகுபடிக்கு உட்பட்ட பகுதி தொடர்ந்து குறைந்து வருவதால், உற்பத்தியில் இத்தகைய அதிகரிப்பு வரலாம். இது அதிகரித்து வரும் உற்பத்தித் திறனிலிருந்து மட்டுமே சாத்தியம்.

21ஆம் நூற்றாண்டில் இந்திய விவசாயத்தில் உற்பத்தித் திறன் அதிகரிக்கும் என்று இங்கு அடிக்கோடிட்டுக் காட்டப்பட வேண்டும். முதலாவதாக, முக்கிய பயிரில் உற்பத்தியில் இந்தியா உலக அளவில் முன்னணியில் இருக்கும்போது, அதன் உற்பத்தித் திறன் தரவரிசை எப்போதும் பயிரிடப்பட்ட பகுதி மற்றும் உற்பத்தியால் அதன் தரவரிசையில் பின் தங்கியிருக்கிறது. 2013ஆம் ஆண்டிற்கான உணவு மற்றும் வேளாண் அமைப்பின் தரவுத் தளத்தில் இருந்து பார்த்தபடி அரிசியின் விஷயத்தைச் சொல்கிறது. இந்தியா உலகின் இரண்டாவது பெரிய உற்பத்தியாளராக உள்ளது. ஆனால் உற்பத்தித் திறனில் ஐந்தாவது

இடத்தில் மட்டுமே வருகிறது. உற்பத்தி மற்றும் உற்பத்தித் திறனில் உலகளாவிய தலைவரான சீனாவை விட பின்தங்கியிருக்கிறது. ஆனால் அந்த வரிசையில் வியட்நாம், இந்தோனேசியா மற்றும் பங்களாதேஷ்க்கு பின்னால், 2018-19 ஆம் ஆண்டிற்கான காரீப் பயிர் அறிக்கைக்கான அதன் விலைக் கொள்கையில், விவசாய செலவுகள் மற்றும் விலைகள் ஆணையம் மேலும் குறிப்பிடுகையில், நெல்லின் இந்தியாவின் சராசரி உற்பத்தித் திறன் (2017 இல்) ஹெக்டேருக்கு 2.57 டன் மட்டுமே (ஹெக்டேருக்கு), இது உலக சராசரியான 4.6க்கும் குறைவாக உள்ளது. அதிக உற்பத்தித் திறன் கொண்ட மாநிலமான பஞ்சாப் கூட உலக சராசரியை விட பின்தங்கியிருக்கிறது. நெல் உற்பத்தித் திறன் ஹெக்டேருக்கு 4.36 டன். சிறு தானியங்கள், பருப்பு வகைகள் மற்றும் எண்ணெய் வித்துக்கள் உள்ளிட்ட பிற பயிர்களிலும் கதை ஒத்திருக்கிறது. இந்திய உற்பத்தித் திறன் உலக சராசரியை விட அதிகமாக இருக்கும் பயிர்களில் இது உலகளாவிய அளவிற்கு கணிசமான அளவு வித்தியாசத்தில் உள்ளது. தெளிவாக, வளர்ச்சிக்கு அதிக இடம் உள்ளது.

எந்த பயிர்கள் மற்றும் பகுதிகள் பின்தங்கியுள்ளன? இது உற்பத்தித் திறன் இடைவெளிகளைப் பற்றிய இரண்டாவது கட்டத்திற்கு நம்மை அழைத்துச் செல்கிறது. முதல் எழுத்தாளரின் சுயாதீன பகுப்பாய்வு, நாட்டில் வெவ்வேறு கால நிலை மண்டலங்களில் (ஒவ்வொரு காலநிலை மண்டலத்திலும் அதிக மகசூல் தரும் மாவட்டத்தின்

உற்பத்தித் திறன் என இங்கு வரையறுக்கப்படுகிறது) அடையக்கூடிய மகசூல் அளவீடு மூலம் கூட, தற்போதுள்ள ஏக்கர் பரப்பளவில் உற்பத்தியை அதிகரிக்க பெரிய இடம் உள்ளது என்பதைக் காட்டுகிறது. கோதுமையில், சுமார் 45% முதல் நெல்லில் 95% வரை. ஒவ்வொரு குறிப்பிட்ட காலநிலை மண்டலத்திலும் சராசரி மகசூலுக்கும் அந்த மண்டலத்தில் அடையக்கூடிய மகசூலுக்கும் இடையிலான இடைவெளி மூடப்பட்டால், மக்காச்சோளம், சோளம், சோயாபீன் மற்றும் வரகு, தினை உற்பத்தியில் சாத்தியமான அதிகரிப்பு 100%க்கும் அதிகரிக்கும்.

உணவு தானியங்கள் மற்றும் தோட்டக்கலை உற்பத்திக்கு வெளியே உற்பத்தித் திறன் போன்ற பிரச்சினைகள் பால், இறைச்சி, மீன் மற்றும் முட்டை உற்பத்தியில் கலந்து கொள்கின்றன. முன்னர் குறிப்பிட்டபடி கணிப்புகளின் படி உலகின் இரண்டாவது பெரிய அரிசி உற்பத்தியாளர் இந்தியா. ஆனால் உற்பத்தித் திறனில் ஐந்தாவது இடத்தில் உள்ளது. சீனா, வியட்நாம், இந்தோனேசியா மற்றும் பங்களாதேஷ்சுக்கு பின்னால். 2050க்கு உற்பத்தி தோராயமாக இரு மடங்கு தேவைப்படுகிறது. இருப்பினும் ஊட்டச்சத்து தேவைகளை மதிப்பிடுவதற்கான மாறுபட்ட தளங்கள் இந்த புள்ளி விவரங்களை மேலும் அதிகரிக்கக்கூடும்.

கடைசியாக, பயிர் முறை மற்றும் விளைச்சலில் குறிப்பிடத்தக்க வேறுபாடுகள் உள்ளன. மிக முக்கியமாக, முழுமையான மற்றும் உபரியான

வருமானம் அல்லது விவசாயத்திலிருந்து கிடைக்கும் வருமானங்கள் - சிறு விவசாயிகளுக்கும் விவசாயிகளுக்கும் இடையில் பெரிய முதலாளித்துவ விவசாயிகள். விவசாயிகளின் வருமானத்தை இரட்டிப்பாக்குவதற்கான குறிக்கோள் அல்லது பாராட்டத்தக்க அரசியல் ஒருமித்த போதிலும், எதிர்காலத்திற்கான எந்தவொரு மூலோபாயமும் சிறிய உற்பத்தியாளர்களின் வெகு ஜனங்களுக்கு அளவிலான நன்மைகளைப் பெறுவதில் குறிப்பிட்ட கவனம் செலுத்த வேண்டும்.

தேசிய மற்றும் விவசாயிகள் ஆணையம் (என்.சி.எப்) முதல் அறிக்கையில் கூர்மையாகச் சுருக்கமாகக் கூறியது. "தற்போது அலமாரியில் உள்ள தொழில்நுட்பங்களுடன் கூட சாத்தியமான மற்றும் உண்மையான மகசூல்களுக்கு இடையில் நிலவும் இடைவெளி மிகவும் விரிவானது" என்று குறிப்பிட்டுள்ளது. இந்த பற்றாக்குறை மற்றும் விவசாயத்தின் தற்போதைய நெருக்கடி ஆகியவை பொருத்தமான பொதுக்கொள்கையின் பற்றாக்குறை. அத்துடன் போதுமான முதலீடு என்பதற்கு என். சி.எப். வெளிப்படையாக இருந்தது. 1960களில் செய்யப்பட்டதைப் போலவே, பண்ணைத் துறைக்கு சுறுசுறுப்பையும் நம்பிக்கையையும் அளிக்கும் செயல் முறையை அரசாங்கம் தொடங்க வேண்டும் என்று அறிக்கை வலியுறுத்துகிறது.

ஒன்றரை சகாப்தங்களுக்கு முன்னர் என்.சி.எப். ஒரு தெளிவான பாணியில் வெளிப்படுத்திய இந்த ஆற்றலை வழங்க என்ன ஆகும்? பிராந்தியங்கள்,

பயிர்கள் மற்றும் சமூக பொருளாதார வகுப்புகள் முழுவதும் பசுமைப் புரட்சியின் சமமற்ற பரவலை நாம் தீர்க்க வேண்டும். இது பயிர் உற்பத்தியில் மகசூல் இடைவெளிகளின் அளவிலும் விநியோகத்திலும் தெளிவாகக் காணப்படுகிறது.

உற்பத்தித் திறனை அதிகரிக்கத் தேவையான கொள்கை தலையீட்டில், சர்வதேச விலை ஏற்ற இறக்கத்திலிருந்து விவசாயிகளைத் தடுப்பது மற்றும் செலவுகளுக்கு நியாயமான வருவாயை உறுதி செய்வது தெளிவாக முக்கியமானவை, நிலையான மற்றும் நியாயமான விலைகளை (குறைந்தபட்ச விலை ஆதரவு மற்றும் விலை உறுதிப்படுத்தல் நிதிகள் போன்றவை) மற்றும் மலிவு, தரமான உள்ளீடுகளை உறுதி செய்வதற்கான கொள்கைகளின் கலவையை இது உள்ளடக்கும். சிறு விவசாயிகளுக்கு சரியான நேரத்தில் கடன் மற்றும் காப்பீட்டை உறுதி செய்வதற்காக வேளாண்மை மற்றும் கிராமப்புற உள்கட்டமைப்பில் (மின்மயமாக்கல், சாலைகள், குடோன்கள் மற்றும் குளிர் களஞ்சியங்கள், வேளாண் செயலாக்க அலகுகள்) பெரிய அளவிலான முதலீடு தேவைப்படுகிறது. நாங்கள் வாதிடுவது என்னவென்றால், விவசாய உற்பத்தித் திறனின் அடுத்த கட்டத்தை நோக்கி ஒரு வலுவான அடித்தளம் விவசாய ஆராய்ச்சி மற்றும் விரிவாக்க முறையின் புத்துயிர் பெறுவதில் தான் உள்ளது. இதனால் புலத்திற்கு எடுத்துச் செல்லக் கூடிய தேவையான அறிவியல் கண்டுபிடிப்புகளை மேம்படுத்தலாம்.

வேளாண் அறிவியல் மற்றும் தொழில்நுட்பத்தில் முதலீட்டை அதிகரிக்கும் இந்த கேள்வியில் தான் உலகளவில் மற்றும் இந்தியாவில் கவலையான போக்குகள் தோன்றியுள்ளன. நிலைத்தன்மை, குறிப்பாக உள்ளீடுகளின் பகுத்தறிவு பயன்பாட்டில், உற்பத்தித் திறனை வளர்ப்பதில் இன்றியமையாத பகுதியாகும். பிந்தைய இலக்கை முந்தையதைப் பின் தொடர்வதில் தியாகம் செய்ய முடியாது. உண்மையில் சுற்றுச்சூழல் நிலைத்தன்மை மற்றும் உற்பத்தித் திறன் வளர்ச்சியை ஒரே நேரத்தில் ஊக்குவிக்கும் சவால் இல்லாமல், நிலையான வளர்ச்சி என்பது ஒரு வெற்றிட முழக்கமாக இருக்கும். துரதிரஷ்டவசமாக, பழமைவாத சுற்றுச்சூழல் கருத்தின் பிரிவுகள் விவசாயத்தில் சுற்றுச்சூழல் தடைகள் குறித்த ஒரு பார்வையை ஊக்குவித்து வருகின்றன. இது உற்பத்தித் திறன் வளர்ச்சியைத் தடுக்க தயாராக உள்ளது. மேலும் வளர்ச்சி ஆர்வலர்களின் வரிசையில் கூட இணைகிறது. அத்தகைய கருத்தின் பிற வகைகள், இந்த குறிக்கோளுடன் ஒத்துப்போகும்போது, "சுற்றுச்சூழல் அமைப்பு சேவைகளுக்கான கட்டணம்" என்று அழைக்கப்படுவதன் மூலம் கடைசி வருமான வளர்ச்சிக்கு சில அற்ப இழப்பீடுகளை வழங்க முற்படுகின்றன. உலகளவில், இத்தகைய போக்குகள் மரபணு மாற்றப்பட்ட உயிரினங்களுக்கு (GMO) முந்தைய போலி அறிவியல் எதிர்வினை அல்லது உண்மையில் "தொழில்துறை" விவசாயத்தை எதிர்ப்பதன் பெயரில் எந்தவொரு தொழில்நுட்ப வளர்ச்சியையும் உருவாக்கியுள்ளன.

இத்தகைய போக்குகள் ஏற்கனவே இந்தியாவின் விவசாய அறிவியல் ஆராய்ச்சியின் நிகழ்ச்சி நிரலுக்கு கடுமையான சேதத்தை ஏற்படுத்தியுள்ளன.

இந்த பழைய போக்குகள் உற்பத்தித் திறன் வளர்ச்சியின் முக்கியத்துவத்தை குறைத்து மதிப்பிடுவதற்கான ஒரு புதிய உந்துதலுடன் இணைந்துள்ளன. இப்போது கால நிலை மாற்றத்தைக் குறைப்பதில் அக்கறை உள்ளவர்களிடமிருந்து மண்ணில் கார்பனின் தொடர்ச்சியை அதிகரிப்பதற்கான சாத்தியக்கூறுகள் சந்தேகத்திற்கு இடமின்றி ஆராய்வதற்கு முக்கியமான ஒரு காலநிலை கணிப்பு உத்தி என்றாலும், இது இந்தியாவிலோ அல்லது பிற வளரும் நாடுகளிலோ உற்பத்தி வளர்ச்சியின் இழப்பில் வர முடியாது. உலகளாவிய வேளாண் அல்லது வேளாண் சூழலியல் போன்ற பயில் மேலாண்மை நடைமுறைகளுக்கான அணுகுமுறைகள் உலகளாவிய வேளாண் கொள்கை உருவாக்கத்தில் உலகளாவிய செல்லுபடியாகும் தீர்வுகளாக பிரபலமடைகின்றன. உலகளாவிய மெட்டா ஆய்வுகளின் (பிட்டல் - கோவ் மற்றும் பலர் 2015) கடினமான அறிவியல் சான்றுகள் அவற்றின் பயன்பாடு குறிப்பிட்ட மண், காலநிலை நிலைமைகள் மற்றும் பயிர் முறைகளுக்கு கட்டுப்படுத்தப்பட்டுள்ளது. இந்திய வேளாண்மை காலநிலை தழுவல் தளமாக இருக்க வேண்டும். காலநிலை கணிப்பு அல்ல.

முடிவில், இந்தியாவில் பெரிய மகசூல் இடைவெளிகள் உள்ளன. நாட்டிற்குள் ஒரே

காலநிலை மண்டலத்தில் உள்ள சாத்தியக்கூறுகள் மற்றும் உலகளவில் தற்போதைய உற்பத்தித் திறன் அளவுகள் ஆகியவற்றுடன் ஒப்பிடுகையில், தேர்ந்தெடுக்கப்பட்ட பயிர்கள், பிராந்தியங்கள் மற்றும் சமூக பொருளாதார குழுக்களுக்கு இந்த பிரச்சினை மிகவும் கடுமையானது. வளர்ந்து வரும் மக்கள் தொகை மற்றும் பன்முகப்படுத்தப்பட்ட உணவுக் கூடைக்கான தேவைகள் ஆகியவற்றுடன், விவசாய உற்பத்தித் திறனை நிர்ணயிப்பது என்பது அடிப்படை உணவு மற்றும் ஊட்டச்சத்து பாதுகாப்பை உறுதி செய்வதற்கான மிக அவசரமான பணிகளில் ஒன்றாகும். (அத்துடன் உற்பத்தியாளர்களுக்கு அதிக வருமானமும்) கவலைகளை மரியாதையுடன் கணக்கில் எடுத்துக் கொள்ளும் போது உற்பத்தித் திறனை உயர்த்துவதற்கான பிரச்சினையை தீர்க்க ஒரே வழி என்று நாங்கள் வாதிட விரும்புகிறோம்.

உள்ளீடுகளின் நிலையான பயன்பாடு மற்றும் காலநிலை மாற்றத்தின் விளைவுகள் (மண்ணின் உப்புத்தன்மை அல்லது வெப்பநிலையின் அதிகரித்த மாறுபாடு போன்றவை) அறிவியல் ஆராய்ச்சியில் முதலீடு செய்வதன் மூலம் ஆகும். 1990க்கு முன்னர், வளரும் நாடுகளில் இந்தியா, சிறந்த விவசாய ஆராய்ச்சி செய்யும் நாடுகளில் ஒன்றாகும். 21-ஆம் நூற்றாண்டில் நாம் பின்தங்கியிருக்க முடியாது.

4.

மழை நீர் சேகரிப்பு - நீர்ப்பாசனம் - தமிழக ஆறுகள் இணைப்பு

தமிழக ஆறுகள் இணைப்புத் திட்டம் மற்றும் ஆறுகள் ஏரிகள் இணைப்புத் திட்டம் என்பது மேலோட்டமாக பார்க்கும்போது தமிழ்நாட்டுக்குத் தானே! எளிதில் நிறைவேறும் திட்டங்கள் என நினைக்கலாம். ஆனால் உண்மையில் மிகச் சிரமமான காரியமே!!

இன்று அனைத்து விவசாயிகளுக்கும் 24 மணி நேரமும் மும்முனை மின்சாரம் என்று பெருமைபட கூறுகிறோம். எத்தனை தடைகள்? எத்தனை போராட்டங்கள்?

விவசாயிகளின் நன்மைக்காகவே, விவசாய நிலங்களின் வழியாக உயர் மின் கோபுரங்கள் அமைகின்றன என்ற உண்மை கடை கோடி விவசாயிக்கு சென்று சேர்ந்ததா? இல்லை.

இங்குதான் முறையான அமைப்புகள் கிராமங்களிலிருந்து மாவட்டம், மாநிலம் வரை

அமைக்கப்பட்டு தேர்ந்தெடுக்கப்பட்ட பிரதிநிதிகள் தேவைப்படுகின்றனர். அரசின் நோக்கமே, செயல்பாடுகள் எளிய விவசாயிகளை சென்றடைய வேண்டும். அப்போதுதான் சுலபத்தில் திட்டங்கள் வெற்றியடைய முடியும்.

நாம் பேசப்போகிற, நஞ்சில்லா உணவு சாகுபடி, இதன் கொள்முதல், விநியோகம் என்பது முழுக்க முழுக்க விவசாயிகளின் நலன் சார்ந்த செயல்பாடுகள். இதனை கடைகோடி விவசாயி வரை எடுத்துச் சென்று கூற அவர்களின் பிரதிநிதிகள் தேவை.

நீர்ப்பாசனம் என்றவுடன் நமக்கு நினைவுக்கு வருவது நதிநீர் இணைப்பு என்பதே. இது பெரிய விவாதத்துக்கும், அரசியலுக்கும் தான் வழிவகுக்கிறது.

முடியுமா? முடியாதா?? என்ற கேள்வியும், விடுவார்களா? விட மாட்டார்களா?? என்ற கேள்வியும் என்றுமே விடை தெரியாத கேள்விகள்!

சர் ஆர்தர் காட்டன் காலத்திலிருந்து நதிநீர் இணைப்பு, பல்வேறு தோல்விகரமான நிலையை எட்டி வருகிறது. அதை விட்டுவிட்டு, மாநிலந்தோறும், உபரிநீரை ஏரி, குளங்களில் நிரப்பினால், நிலத்தடி நீர்மட்டம் உயருமே! பாசனக் கால்வாய்களை சீரமைத்தால் நீர் விரயம் குறையுமே!

கட்டுபடியாகும் விலை என்றவுடன், விலை நிர்ணயம் என்கிற விளக்கம் தேவைப்படுகிறது. இது

விவசாய பொருட்களை பொறுத்து நமது நாட்டில் சாத்தியமே இல்லாத நிலைப்பாடு. அதிகமான நடுத்தர மக்கள் அதிகம் வாழும் இந்தியாவில் நுகர்வோரின் சுமையையும் கவலையையும் கவனத்தில் கொள்ள வேண்டும். 'அமுல்' போன்று விற்பனை விலையில் 60 - 70 சதவிகிதம் கொள்முதல் விலை என்றால் உற்பத்தியாளர், நுகர்வோர் இருவருக்குமே நல்ல பலனைக் கொடுக்கும்.

தமிழில் ஒரு பழமொழி உண்டு. 'கூரை ஏறி கோழி புடிக்க முடியாதவன் வானம் ஏறி வைகுந்தம் போக நினைக்கிறான்!'

1951-ஆம் ஆண்டுகளில் சராசரி மழை - 925 mm

60 வருட அளவு 40 வருடங்கள் - 925 mm

20 வருடங்கள் - 925 mm

ஏரிகள் கண்மாய்கள் எண்ணிக்கை - 39,202

கொள்ளளவு - 390 Tmc

கடலுக்கு ஓடி வீணாவது - 259 Tmc (31.7%)

கிடைக்கும் மொத்த மழை நீர் - 720.50 Tmc

தமிழக மொத்த அணைகள் - 34

அணைகளில் தேக்கப்படும் நீர் - 219 Tmc

மொத்தம் கிடைக்கும் மழைநீர் - 720 Tmc

அணைகளில் தேக்கப்படும் நீர் - 219 Tmc

மீதமுள்ள 501 Tmc யில் ஏரி,

குளங்களில் நிரப்பப்படும் நீர் - 390 Tmc

உபரி நீர் - 111 Tmc

அணைகளில் நிரப்பப்பட்டு உள்ள நீர் ஒன்றிரண்டு ஆண்டுகளில் திறந்து விடப்பட்டு அணை காலியாகிவிடுகிறது. ஏரி, குளங்கள் ஒருமுறை நிரப்பப்பட்டால் 3 ஆண்டுகளுக்கு நிலத்தடி நீர் கை கொடுக்கும். அத்தோடு தமிழக ஆறுகள் இணைப்பும், ஏரி, குளங்களை ஆறுகளோடு இணைப்பதுமே சிறந்த தீர்வாகும்.

வெளியீடு 2016.
- நன்றி - தமிழக பாசன மேம்பாட்டு திட்டங்கள்
- நன்றி - பொறி. வீரப்பன்
பொறி. கைலாசபதி (பணி நிறைவு)
பொறி. மூர்த்தி

தண்ணீரின் அளவை பார்க்கிறோம். ஆனால் சுத்தமான தண்ணீரா என்றால் இல்லை என்று தான் கூறவேண்டும். தொழிற்சாலை கழிவுகளும், மாநகராட்சி, ஊராட்சி கழிவுகளும் நதியில், ஏரி, குளங்களில் கலக்காமல் பார்த்துக் கொள்ள வேண்டும்.

ஆறு	தொழிற்சாலைகள்	நாளொன்றுக்கு கலக்கப்படும் ஆறு தொழிற்சாலைகள்
காவிரி	சாயப்பட்டறைகள்	300 மில்லியன் lt / per day
நொய்யல்	சாயப்பட்டறைகள்	120 மில்லியன் lt / per day
புவானி	சாயப்பட்டறைகள்	80 மில்லியன் lt / per day
பாலாறு	தோல் **தொழிற்சாலைகள்**	100 மில்லியன் lt / per day

நகராட்சிகள் கழிவு நீர்:

மதுரை - 87 மில்லியன் காலன் / per day
திருச்சி - 68 மில்லியன் காலன் / per day
சென்னை - 600 மில்லியன் காலன் / per day

-----------------------59----------------------

தமிழ்நாட்டில் 12 மாநகராட்சிகள், 152 நகராட்சிகள், 561 சிறப்பு கிராம பஞ்சாயத்துகள், 12524 பஞ்சாயத்துகள் - தகவல் - தமிழக பாசன மேம்பாட்டுத் திட்டங்கள் 2016

எவ்வளவு கழிவு நீர் சேரும்? கணக்கிட்டுக் கொள்வோம். இந்த சாக்கடை நீரைத் தான் குடிநீராக பயன்படுத்துகிற அவலநிலை. அரசு சுகாதாரத்திற்கு செலவிடும் தொகை என்ன? அப்படியிருந்தும் வளரும் நாடுகளில் நோய்க்கான காரணங்களில், பாதுகாப்பில்லாத குடிநீரே 21 சதவிகிதம் பங்கு வகிக்கிறது - WHO தமிழக ஆறுகளின் இணைப்புக் கால்வாய் திட்டங்கள்

பொறியாளர் நீ. நடராஜன் முன்னாள் திட்டப் பொறியாளர், தென்னக இரயில்வே, வேலூர்.

பாலாறு: பாலாறு கர்நாடகத்தில் நந்தி துர்க்கம் என்ற மலையில் இருந்து உற்பத்தியாகி 60 மைல் கடந்து வந்து, ஆந்திர மாநிலத்தில் குப்பம் மாவட்டத்தில் நுழைகிறது. பின்னர் பாலாறு குப்பம் மாவட்டத்தில் 30 மைல் கடந்து வந்து, தமிழ்நாட்டு எல்லையாகிய புல்லூரில் நுழைகின்றது. மேற்படி புல்லூர் வாணியம்பாடி அருகில் உள்ள ஓர் ஊராகும். இந்த பாலாறு தமிழகத்தில் வேலூர், காஞ்சிபுரம்,

செங்கல்பட்டு வழியாக ஓடி கடைசியில் கல்பாக்கம் அருகே வயலூரில் வங்கக் கடலில் சேருகின்றது.

தமிழ்நாட்டில் புல்லூரில் இருந்து கடற்கரை வரை பாலாற்றின் நீளம் 140 மைல்கள் ஆகும். கர்நாடக அரசு 1892 ஆம் ஆண்டுக்கு முன்னால் பேத்தமங்கலம் என்ற ஊரில் பாலாற்றின் குறுக்கே, 15 அடி உயரமுள்ள அணையைக் கட்டிக் கொண்டது.

1. நீர்ப்பபங்கீடு: சென்னை ராஜதானி மைசூர் இடையே 1892 ஆம் ஆண்டு ஒரு ஒப்பந்தம் போடப்பட்டது. அதன் பிரகாரம் பாலாற்றில் புதிய அணைகள் கட்டக்கூடாது. ஏற்கனவே உள்ள அணைகளின் உயரத்தையும் உயர்த்தக்கூடாது என்பது ஒப்பந்தமாகும். ஆனால் கர்நாடக அரசு மேற்படி ஒப்பந்தத்தை மீறி, பேத்தமங்கலம் அணையை (1892 ஆம் ஆண்டுக்குப் பிறகு)

15 அடியிலிருந்து 30 அடிக்கு உயர்த்திக் கொண்டது. அது மட்டும் அல்லாமல் பாலாற்றின் குறுக்கே ராமாசாகர் என்ற புதிய அணையைக் கட்டிக்கொண்டது. இதன் காரணமாக கர்நாடகம் பாலாற்று நீரை மேற்படி அணைகளில் நிரப்பிக் கொண்டது.

அவ்வாறே ஆந்திர அரசும் பாலாற்று நீரை, அப்போது உள்ள கால்வாய்களின் வழியாக பாசன நீரை உபயோகம் செய்ய வேண்டும். ஆனால் அவர்களும் 1892 ஆம் ஆண்டின் ஒப்பந்தத்தை மீறி குப்பம் மாவட்டத்தில், பாலாற்றின் குறுக்கே தமிழக

அரசின் ஒப்புதல் இல்லாமல், 20 அடி உயரம் உள்ள 22 தடுப்பு அணைகளை 30 மைலுக்குள் கட்டிக்கொண்டது. அதனால் ஆந்திர அரசும் தங்கள் தடுப்பணைகளில் பாலாற்று நீரை நிரப்பிக் கொண்டது. அதன் காரணமாக ஆண்டு தோறும் ஆந்திர அரசும், கர்நாடக அரசும், பாலாற்றில் தமிழகத்திற்குத் தண்ணீர் விடுவது இல்லை. பாலாறு தமிழ்நாட்டில் வறண்டு போய்விட்டது.

ஆந்திர அரசும், கர்நாடக அரசும், அணைகளின் மத்தியில் மதகுகள் அமைக்கவில்லை. மேற்படி இரண்டு அரசுகளுமே எல்லா அணைகளிலும் பாலாற்று நீரை நிரப்பிக்கொண்டனர். இதனால் தான், தமிழகத்திற்குத் தண்ணீர் வழிந்து வரும் காலங்களில் மட்டும் நமக்கு தண்ணீர் கிடைக்கின்றது. இது 1892, 1924ஆம் ஆண்டுகளின் ஒப்பந்தத்திற்கு மீறிய செயல்களில் அவர்கள் ஈடுபட்டுள்ளனர்.

இதன் காரணமாக 2001 ஆம் ஆண்டு முதல் 2004 ஆம் ஆண்டு வரை தமிழ்நாட்டின் வட மாவட்டங்களான (பாலாற்றுப் படுகை) வேலூர், திருவண்ணாமலை, காஞ்சிபுரம், திருவள்ளூர் போன்ற மாவட்டங்களில் கடும் குடிநீர் பிரச்சினையும், பாசன நீர் பஞ்சமும் ஏற்பட்டன. சென்னை புறநகர் பகுதியான பரங்கிமலை முதல் செங்கல்பட்டு வரை பாலாற்றின் குடிநீர் பஞ்சமும் ஏற்பட்டது.

1892 ஆம் ஆண்டு ஒப்பந்தப்படி பாலாற்று நீரை, கர்நாடகம், ஆந்திரம், தமிழ்நாடு ஆகிய

மூன்று மாநிலங்களும் நீரைப் பங்கிட்டுக் கொள்ள வேண்டும். இது வரை நமக்கு உரிய பங்கு நீரை மேற்படி இரண்டு மாநிலங்களும் (கர்நாடகம், ஆந்திர அரசும்) தரவில்லை. தமிழ்நாட்டிற்குப் பாலாற்று நீரைப் பங்கிட்டு தரவில்லை. 1892 ஆம் ஆண்டு ஒப்பந்தப்படி பாலாற்று நீரைக் கீழ்க்கண்டவாறு மூன்று மாநிலங்களும் பங்கிட்டுக் கொள்ள வேண்டும்.

எண்.	மாநிலங்கள்	மாநிலங்களின் பாலாற்றின் நீளம்	நீர்ப்பங்கீட்டு முறை
1.	கர்நாடகம்	60 மைல்	25 விழுக்காடு நீர்
2.	ஆந்திரா	30 மைல்	14 விழுக்காடு குறைந்தது 25 விழுக்காடு நீர்
3.	தமிழ்நாடு	140 மைல்	50 விழுக்காடு நீர்

மேற்கூறிய முறையில் பாலாற்று நீரை மூன்று மாநிலங்களும் ஆண்டு தோறும் பங்கீடு செய்து கொள்ள வேண்டும். தமிழ்நாடு பாலாற்று நீரை மேற்படி 2 மாநிலங்கள், உபயோகம் செய்வதற்கு முன்னரே, உபயோகம் செய்து வந்தது. தமிழ்நாட்டிற்கு அனுபவ பாத்தியம் உண்டு (Riparian Right) பாலாற்று நீரைப் பங்கீடு செய்யவும், கேட்கவும் தமிழ்நாட்டிற்கு உரிமை உண்டு. ஆண்டுதோறும் பாலாற்றில் குறைந்தது (சராசரியாக) 80 டி.எம்.சி. தண்ணீர் உற்பத்தி ஆகிறது.

அந்த நீரில் ஆண்டுதோறும் கர்நாடகம் 20 டி.எம்.சி. நீரும், ஆந்திர அரசு 20 டி.எம்.சி.நீரும்

தமிழகம் 40 டி.எம்.சி. நீரும் பங்கிட்டுக்கொள்ள வேண்டும். இம்முறையில் ஆண்டு தோறும் ஆந்திர அரசும், கர்நாடக அரசும் தமிழகத்திற்கு 40 டி.எம்.சி. தண்ணீர் பாலாற்றில் விட வேண்டும். இது சட்டப்படி நமக்குள்ள பாரம்பரிய ஒப்பந்தப்படி வழங்கப்பட்டுள்ள உரிமை.

நமது இந்தியாவில் சிந்து நதி நீரைப் பாகிஸ்தானுடன் பங்கிட்டுக் கொள்கிறோம். அவ்வாறே கங்கை நதி நீரைப் பங்களாதேசத்துடன் பங்கிட்டு வாழ்கிறோம். ஆனால் இந்தியாவில் மாநிலங்களுக்கு இடையே ஓடுகின்ற நதிகளின் நீரைப் பங்கிட்டு தரமாட்டோம் என்பது, எந்த விதத்தில் நியாயம்?

இதற்கான முடிவு யாதெனில், முன்னாள் பாரதப் பிரதமர் ஜவஹர்லால் நேரு அவர்கள் 1956ல் பாராளுமன்றத்தில் நிறைவேற்றிய சட்டப்படி, மாநிலங்களுக்கு இடையே நதி நீர் பங்கீடு சரியான முறையில் அமையவில்லை என்றால், அந்த நதிகளைத் தேசிய மயமாக்கிட வேண்டும். பின்னர் இந்திய அரசு தன் கீழ், நதி நீர் ஆணையம் அமைத்து, அந்த நதிகளின் நீரை மாநிலங்களுக்கு இடையே நியாயமான முறையில், ஆற்று நீரை பங்கிட்டுத் தர வேண்டும் என்பது சட்டமாகும்.

அதன் அடிப்படையில் பாலாற்றுக்கு மத்திய அரசு நதி நீர் ஆணையம் அமைத்து கர்நாடகம், ஆந்திர அரசு, தமிழகத்திற்கு நியாயமான முறையில் பாலாற்றுத் தண்ணீரை ஆண்டு தோறும் பங்கிட்டுத் தர வேண்டும்.

இதற்காக தமிழ்நாட்டில் உள்ள ஆளும் கட்சியும், எதிர்க் கட்சிகளும் ஒன்று சேர வேண்டும். அவர்கள் மத்திய அரசை வலியுறுத்தி, மைய நதிநீர் ஆணையம் அமைக்கவும், பாலாற்று நீரில் நம் தமிழகத்திற்கு உரிய பங்கு நீரைப் பெறவும் ஆவன செய்ய வேண்டும்.

1. காவேரி - பாலாறு இணைப்புக் கால்வாய் திட்டம்:

காவேரி - பாலாறு இணைப்புத் திட்டத்தை நடைமுறைப்படுத்தலாம். மேற்படி திட்டத்தைக் கீழே விரிவாக விளக்கப்படுகிறது. திரு.சி.எஸ். குப்புராஜ், முன்னாள் தலைமைப் பொறியாளர் (ஓய்வு) (பொதுப்பணித்துறை) அவர்கள் 28.10.2000 தேதியில் தினமணியில் "கலையுமா நம் உறக்கம்" என்ற தலைப்பில் ஒரு கட்டுரை எழுதியுள்ளார். அதில் காவேரி ஆற்றின் குறுக்கே, ஒகேனக்கல்லுக்கு சற்று மேற்கே ஒரு அணையைக் கட்டலாம். அதன் கொள்ளளவு 220 டி.எம்.சி. (1 டி.எம்.சி - 100 கோடி கன அடி) கொண்ட புதிய அணையைக் கட்டலாம். அதில் இருந்து ஆண்டுதோறும் 720 மெகா வாட் மின்சாரம் உற்பத்தி செய்யலாம் என்று தமிழ்நாடு மின்சார வாரியம் 1960ல் திட்டமிட்டது என்று கூறியுள்ளார். ஆனால் இத்திட்டம் இதுவரை நிறைவேறவில்லை. தினமணி 20.8.2006 அன்று "மேட்டூர் அணை வழிந்ததால் காவேரியில் அதிக தண்ணீர் திறப்பு" என்ற தலைப்பில் ஒரு கட்டுரை வந்தது.

அந்தக் கட்டுரையில் மேட்டூர் அணைக் கட்டியதில் இருந்து (1924 ஆம் ஆண்டு முதல் 2006

ஆம் ஆண்டு வரை) 38 முறை மேட்டூர் அணை நிரம்பி, மிகுதி வெள்ள நீர் கடலில் போய் சேர்ந்தது, என்று கூறியுள்ளார். ஆக சராசரியாக (82:38) 214 ஆண்டுக்கு ஒரு முறை ஒகேனக்கல்லுக்குச் சற்று மேற்கே கட்டப்பட உள்ள புதிய அணையில் வெள்ள நீரை நிரப்பலாம். அந்த அணையில் இருந்து 720 மெகாவாட் மின்சாரமும் உற்பத்தி செய்யலாம். மேற்படி அணையில் சேகரிக்கப்பட்ட காவேரியின் வெள்ள நீரைப் பாலாற்றுக் கொண்டு போய் ஆவாரங்குப்பத்திற்கு அருகே சேர்த்து விடலாம். இதன் காரணமாக பாலாற்றை ஜீவநதியாக மாற்றிடலாம்.

ஒகேனக்கல்லில் காவேரியின் புதிய அணையின் (படுகை மட்டம்) அடிமட்ட அளவு Bed Level 850 அடி கடல் மட்டத்தில் இருந்து அமைந்துள்ளது. பென்னாகரம் ஊர் 1650 அடி கடல் மட்டத்திற்கு மேலே உயரத்தில் அமைந்துள்ளது.

முதற்கண் புதிய அணையில் இருந்து, காவேரி வெள்ள நீரைச் சக்தி வாய்ந்த மின்னேற்றிகள் மூலம் 10 மைலுக்கு அருகே உள்ள பென்னாகரம் ஊருக்கு (1650 - 580) 800 அடி உயரத்திற்குத் தண்ணீரை ஏற்ற வேண்டும். அங்கு ஒரு சிறிய ஏரியை அமைத்து அதில் காவேரி வெள்ள நீரைச் சேர்க்கலாம்.

பின்னர் பென்னாகரம் ஏரியில் இருந்து ஒரு மாபெரும் கால்வாய் வெட்டிக் கொண்டு போய் பாலக்கோடு, கிருஷ்ணகிரி, நாட்ராம்பள்ளி வழியாக ஆவாரங்குப்பம் அருகில் பாலாற்றில் சேர்க்க வேண்டும். இந்த கால்வாய் வழியாக பென்னாகரத்தில் இருந்து ஆவாரங்குப்பம் வரை இயற்கை நிலச்சரிவின் காரணமாக

காவேரி வெள்ள நீர் ஆவாரங்குப்பம் அருகில் பாலாற்றில் நீர் தானாகவே சேர்ந்து விடும். கீழ்கண்ட அட்டவணையில் மேற்படி ஊர்களில் கால்வாயின் அடிமட்ட அளவு (Bed Level) குறிக்கப்பட்டுள்ளது. மற்றொரு கால்வாய் நாட்ராம்பள்ளியில் இருந்து வாணியம்பாடிக்கு கொண்டு செல்லலாம். பாலாற்றில் சேர்த்து விடலாம்.

எண்.	ஊர்	கடல் மட்டத்திலிருந்து ஊரின் உயரம்	இடைப்பட்ட தூரம்
1.	ஒகேனக்கல்	ஒகேனக்கல்லுக்கு அருகே காவேரியின் குறுக்கே கட்டப்பட உள்ள புதிய அணையின் அடிமட்ட அளவு (B.L.)	850 மீட்டர் கடல் மட்டத்திலிருந்து அமைந்துள்ளது
2.	பென்னாகரம்	ஊர் புதிய ஏரியின் அடிமட்ட அளவு (B.L.) 1650 அடி உயரத்தில் **அமைந்துள்ளது**	10 மைல்
3.	**கிருஷ்ணகிரி**	(கால்வயின் அடிமமட்ட அளவு) (B.L.) 1624 அடி கடல் மட்டத்தில் இருந்து அமைந்துள்ளது.	40 மைல்
4.	வாணியம்பாடி (பாலாறு) ஆவாரங்குப்பம் (பாலாறு)	1120 அடி கடல் மட்டத்தில் இருந்து அமைந்துள்ளது. 1120 அடி கடல் மட்டத்தில் இருந்து அமைந்துள்ளது.	30 மைல்

மேற்படி நிலச்சரிவை நோக்கினால் பென்னாகரம் வாணியம்பாடிக்கு இடையே (1650 - 1120) 530 அடி பள்ளத்தில் உள்ளது. அதனால் இயற்கை நிலச்சரிவின் மூலமாகவே பென்னாகரத்தில் இருந்து காவேரி வெள்ள நீர் வாணியம்பாடி **பாலாற்றுக்கு வந்து சேர்ந்து விடும். அது போலவே பென்னாகரம் ஆவாரங்குப்பம் இடையில் உள்ள நிலச்சரிவு** (1650 - 1200) 450 **அடி பள்ளத்தில் உள்ளதால் ஆவாரங்குப்பத்திற்குப் பென்னாகரத்தில் இருந்து காவேரி வெள்ள நீர் தானாகவே வந்து சேர்ந்து விடும்.**

மேற்கூறிய வழியில் காவேரி பாலாறு இணைப்புத் திட்டத்தைச் செயல்படுத்தலாம். காவேரி வெள்ள நீர் ஒகேனக்கலில் இருந்து வாணியம்பாடி பாலாற்றுக்கு 214 ஆண்டுக்கு ஒரு முறை கொண்டு வந்து சேர்க்கலாம். இதன் காரணமாக பாலாறு ஜீவ நதியாக நிச்சயம் மாறும் என்பதில் ஐயம் இல்லை.

2000 - 2005 ஆம் ஆண்டுகளில் மேட்டூர் அணை நிரம்பி, ஏறக்குறைய 105 டி.எம்.சி. காவேரி வெள்ள நீர் கடலில் வீணாகப் போய் சேர்ந்தது. காவேரி ஒகேனக்கலில் இருந்து பென்னாகரம் ஏற்றவுள்ள மின்சாரம் ஏற்றிகளுக்கு மின்சாரம், ஒகேனக்கல் புதிய காவேரி அணையில் இருந்து நீர் மின்சாரம் பெறலாம். ஏறக்குறைய 720 மெகாவாட் மின்சாரம் மேற்படி அணையில் உற்பத்தி செய்யலாம்.

காவேரி - பாலாறு இணைப்பு திட்டத்தால் பாலாறு படுகையில் உள்ள வேலூர், திருவண்ணாமலை, காஞ்சிபுரம், திருவள்ளூர் மாவட்ட மக்களும்,

செங்கல்பட்டு முதல் பரங்கிமலை வரை உள்ள புறநகர் பகுதி மக்களும் போதிய பாசன நீரும் குடிநீரும் பெற்று வளமாக வாழ்வார்கள். ஏறக்குறைய 1.5 கோடி தமிழக வட மாவட்ட மக்கள் பயன் பெறுவார்கள். தமிழக அரசு இந்த திட்டத்தை விரைவில் நிறைவேற்றிட வேண்டும்.

ஒகேனக்கல்லில் இருந்து 30 மைல் மேற்கே அமைந்துள்ள மேகதாது வரை, நம் தமிழ்நாட்டின் எல்லைக்குள் அமைந்துள்ளது.

நாம் கர்நாடகத்தை கேட்க வேண்டும் என்ற அவசியம் இல்லை. நம்முடைய தமிழகத்திலேயே மேற்படி புதிய அணை அமையும். நம்முடைய தமிழக அரசின் 1892, 1924 ஆம் ஆண்டுகளின் ஒப்பந்தத்தை மீறி அவர்கள் எவ்வாறு கபினி, ஹாரங்கி, ஹேமாவதி போன்ற அணைகளைக் கட்டினார்கள் என்பதை நாம் நினைவு கொள்ள வேண்டும்.

காவேரி - பாலாறு இணைப்புத் திட்டத்தை நிச்சயமாக தமிழ்நாடு அரசு நிறைவேற்றிடலாம். யாருடைய ஒப்புதலும் (கர்நாடகம்) தேவையில்லை. (கர்நாடகம் மேட்டுப்பகுதியில் உள்ளனர். தமிழக அரசு மிகுதி வெள்ள நீரைத் தான் புதிய அணையில் சேர்க்க உள்ளோம்)

3. காவேரியின் ஒகேனக்கல் கூட்டுக் குடிநீர் திட்டம்

ஒகேனக்கலுக்குச் சற்று மேற்கே, காவேரி ஆற்றின் குறுக்கே ஒரு புதிய அணையை 220 டி.எம்.சி. கொள்ளளவு கொண்டதாக கட்டலாம்.

மேற்படி புதிய அணை நம்முடைய தமிழக எல்லைக்குள்ளதாகவே அமைந்துள்ளது. அதாவது ஒகேனக்கலுக்கு மேற்கே 30 மைலில் மேகதாது வரை, நம்முடைய தர்மபுரி மாவட்டத்தில் அமைந்துள்ளது. அதனால் நாம் கர்நாடக அரசைக் அனுமதி கேட்டு பெறத் தேவையில்லை. நம்முடைய தமிழ்நாட்டு எல்லைக்கு உள்ளேயே மேற்படி புதிய அணையைக் கட்டலாம். நமக்கு வேண்டிய குடிநீரை மேற்படி அணையில் இருந்து கிருஷ்ணகிரி, தருமபுரி, வேலூர், திருவண்ணாமலை, காஞ்சிபுரம், திருவள்ளூர் போன்ற மாவட்ட மக்களுக்குப் பெறலாம். மேற்படி குடிநீர் திட்டத்தால், மேட்டூர் அணைப் பாசன மக்களுக்கு (திருச்சி, தஞ்சை மாவட்ட மக்கள்) எவ்வித பாதிப்பும் ஏற்படாது. ஆண்டிற்கு 10 டி.எம்.சி. குடிநீர் மேற்படி மாவட்டங்களுக்குப் போதுமானதாகும்.

கீழ்க்கண்ட அத்தியாயத்தில் கூட்டு குடிநீர் திட்டத்தை விளக்குகின்றேன். (ஒகேனக்கல் கூட்டுக் குடிநீர் திட்டம்)

ஒகேனக்கலுக்குச் சற்று மேற்கே, காவேரி ஆற்றுக்குக் குறுக்கே ஒரு புதிய அணையைக் கட்டலாம். அந்த புதிய அணையில் இருந்து 750 அடி உயரம் உள்ள மடம் என்ற ஊருக்குக் காவேரி தண்ணீரை சக்தி வாய்ந்த மின்னேற்றிகள் மூலமாக மேலே முதலில் ஏற்ற வேண்டும். மேற்படி அணையில் இருந்து நீர் மின்சாரம் 720 மெகாவாட் ஆண்டுதோறும் உற்பத்தி செய்யலாம். அந்த மின்சாரத்தில் இருந்து 360 மெகாவாட் மின்சாரம், இந்த குடிநீர் திட்டத்திற்கு உபயோகம் செய்து

கொள்ளலாம். பின்னர் தருமபுரி, கிருஷ்ணகிரி மாவட்டத்திற்குக் குடிநீர் தந்திட, தமிழ்நாடு குடிநீர் மற்றும் வடிகால் வாரியத்திடம் திட்டம் (மதிப்பீடு) உள்ளது. அந்தத் திட்டம் தமிழக அரசால் ஒப்புதல் (Sanction) பெறப்பட்டுள்ளது. அந்தத் திட்டத்தால் கிருஷ்ணகிரி, தருமபுரி மாவட்டத்தில் வசிக்கின்ற 30 லட்ச மக்கள் குடிநீர் பெறுவார்கள்.

அடுத்தபடியாக 30 லட்சம் பேர் வாழ்கின்ற, வேலூர் மாவட்டத்துக்கு ஒரு ஆண்டுக்கு 2.5 டி.எம். சி. குடிநீர் தேவைப்படும். கிருஷ்ணகிரியில் இருந்து காவேரி குடிநீரை வாணியம்பாடிக்கு இயற்கை நிலச்சரிவு மூலமாகவே குடிநீர் குழாய்கள் அமைத்து, வாணியம்பாடிக்குக் குடிநீர் கொண்டு வரலாம். இயற்கை நிலச்சரிவு காரணமாக கிருஷ்ணகிரியில் இருந்து வாணியம்பாடி பாலாற்றுக்குக் குழாய்கள் மூலம் குடிநீர் தானாகவே வந்து சேர்ந்து விடும்.

பின்னர் பாலாற்றின் கரை வழியாக ஆம்பூர், பள்ளிகொண்டா, வேலூர், ஆற்காடு, வாலாஜாபேட்டை வரை குடிநீர் குழாய்கள் அமைத்து, குடிநீரை வேலூர் மாவட்டத்திற்கு தந்து குடிநீர் பிரச்சினையைத் தீர்த்து விடலாம். முதலில் குடிநீர் குழாய்களை வாணியம்பாடி பாலாற்றின் கரையோரமாகவே வேலூர், ஆற்காடு வழியாக வாலாஜாபேட்டை வரை பாலாற்றுக் கரை குடிநீர்க் குழாய்களை அமைக்கலாம். இக்குழாய்கள் மூலம் இயற்கை நிலச்சரிவு காரணமாக வாணியம்பாடியில் இருந்து வாலாஜாபேட்டை வரை குடிநீர் தானாகவே வந்து சேர்ந்துவிடும்.

அவ்வாறாகவே திருவண்ணாமலை, காஞ்சிபுரம், திருவள்ளூர் மாவட்டங்களுக்கு குடிநீர் தரலாம். வாலாஜா பேட்டையில் இருந்து செங்கல்பட்டு வரை பாலாற்றின் கரை ஓரமாகவே, குடிநீர் குழாய்கள் அமைக்கலாம். அதன் மூலமாக மேற்படி மாவட்ட மக்களுக்கு குடிநீர் வழங்கலாம். இயற்கை நிலச்சரிவு காரணமாக குடிநீர் வாலாஜாபேட்டையில் இருந்து செங்கல்பட்டு வரை குழாய்கள் வழியாக தானாகவே வந்து சேர்ந்துவிடும்.

இப்போது உள்ள குடிநீர் குழாய்கள் வழியாக செங்கல்பட்டில் இருந்து பரங்கிமலை வரை குடிநீர் தந்து பிரச்சினையை தீர்க்கலாம். மேற்கண்ட மாவட்ட மக்களின் குடிநீர் திட்டம் அடுத்த பக்கத்தில் உள்ள அட்டவணையில் தரப்பட்டுள்ளது.

இந்த திட்டத்தின் வாயிலாக, மேற்படி நான்கு மாவட்டங்களும், தருமபுரி, கிருஷ்ணகிரி மாவட்ட மக்களுக்கு 360 மெகா வாட் மின்சாரம், ஒரு ஆண்டுக்கு தேவைப்படும். அந்த மின்சாரத்தை மேற்படி அணையில் இருந்து உற்பத்தி செய்ய உள்ள 720 மெகா வாட் மின்சாரத்தில் இருந்து எடுத்துக் கொள்ளலாம்.

மிகுதி மின்சாரத்தை (720 - 360) 360 மெகாவாட் மின்சாரத்தைக் காவேரி பாலாறு இணைப்பு திட்டத்திற்கு உபயோகம் செய்து கொள்ளலாம். ஆண்டுக்கு மேற்கூறிய மாவட்ட மக்களுக்கு (2.5+2.5+2.5+1.0 = 8.50) டி.எம்.சி. நீரை இத்திட்டத்தின் வாயிலாக நிறைவேற்றிட தமிழக அரசைக் கேட்டுக்கொள்கிறோம்.

எண்.	பயன் பெறும் மாவட்டம்	மக்கள் தொகை	ஓர் ஆண்டிற்கு தேவையான குடிநீர்	மின் ஏற்றிகளின் அளவு	மின்சார செலவு
1.	தருமபுரி கிருஷ்ணகிரி	30 இலட்சம்	2.5 டி.எம்.சி	600 எச்.பி எண்ணிக்கை 5	120 மெகாவாட் மின்சாரம்
2.	வேலூர்	30 இலட்சம்	2.5 டி.எம்.சி	600 எச்.பி எண்ணிக்கை 5	120 மெகாவாட் மின்சாரம்
3.	திருவண்ணாமலை காஞ்சிபுரம் திருவள்ளூர்	30 இலட்சம்	2.5 டி.எம்.சி	600 எச்.பி எண்ணிக்கை 5	120 மெகாவாட் மின்சாரம்
4.	செங்கல்பட்டு முதல் பரங்கிமலை	10 இலட்சம்	1 டி.எம்.சி	ஏற்கனவே மின் மோட்டார் குடிநீர் குழாய்கள் உள்ளன	மின்சாரம் ஏற்கனவே உள்ளது.
	மொத்தம்		8.50 டி.எம்.சி		

4. **தென்பெண்ணை - காவேரி இணைப்புக் கால்வாய் திட்டம்:**

இப்போதுள்ள சாத்தனூர் அணை, தென்பெண்ணையில் திருவண்ணாமலை அருகே கட்டப்பட்டுள்ளது. அதனுடைய நீர் பாசனமும் குடிநீர் திட்டங்களும் இப்போது உள்ள படியே செயல்படட்டும். அதற்கு ஒரு குந்தகமும் ஏற்படாது.

ஒரு புதிய தடுப்பு அணையைத் திருக்கோவிலூர் அருகே, தென்பெண்ணை ஆற்றின் குறுக்கே கட்டலாம். அந்த அணையின் அடிமட்ட அளவு (B.L) 350 அடி கடல் மட்டத்தில் இருந்து உள்ளது. அதாவது தென்பெண்ணை ஆற்றின் அடிமட்ட அளவு ஆகும். மேற்படி அணையின் தென்பெண்ணை ஆற்றில் வெள்ளம் ஏற்படுகின்ற காலத்தில், மேற்படி அணையில் வெள்ள நீரை சேகரித்து வைக்கலாம். இவ்வணையில் இருந்து தெற்கு நோக்கி ஒரு கால்வாய் வெட்டிக் கொண்டு போய் காவேரியில் மேல் அணைக்குக் கொண்டு போய் சேர்க்கலாம். அதாவது முக்கொம்பு அருகே காவேரி ஆற்றில் மேற்படி கால்வாயைச் சேர்த்துவிடலாம். ஏறக்குறைய இக்கால்வாயின் நீளம் 100 மைல்கள் ஆகும்.

காவேரி மேல் அணையின் அடிமட்ட அளவு (Bed Level) 220 அடி கடல் மட்டத்திலிருந்து உயரத்தில் அமைந்துள்ளது. இதனால் தென்பெண்ணை வெள்ளநீர் திருக்கோயிலூரில் இருந்து முக்கொம்பு காவேரிக்கு இயற்கை நிலச்சரிவு காரணமாக தண்ணீர் தானாகவே வந்து சேர்ந்து விடும

மேற்படி கால்வாய் மூலமாக அரியலூர், கடலூர், திருச்சி போன்ற மாவட்ட மக்கள் பாசன நீரும், குடிநீரும் பெறுவார்கள் என்பதில் அய்யம் இல்லை. இதனை நமது தமிழக ஆறுகளின் இணைப்பில் சேர்க்கலாம். மேற்படி மக்கள் விவசாயத்தில் மேன்மை பெறுவார்கள் என்பதில் ஐயம் இல்லை.

5. தென்பெண்ணை - பாலாறு இணைப்புக் கால்வாய் திட்டம்:

தென்பெண்ணை ஆற்றின் குறுக்கே திருக்கோயிலூர் அருகே, புதியதாக கட்டப்படவுள்ள அணையில் இருந்து பாலாறுக்கு ஒரு கால்வாய் வெட்டிக் கொண்டு போய் சேர்க்கலாம். மேற்படி கால்வாய் தென்பெண்ணை தடுப்பு அணையில் இருந்து (திருக்கோயிலூர்) வட கிழக்குத் திசையில் கொண்டு போய் முக்கூடல் அருகே பாலாற்றில் கொண்டு சேர்க்கலாம்.

தென்பெண்ணை ஆறு (திருக்கோயிலூர்) அருகே அடிமட்ட அளவு (Bed Level) 350 கடல் மட்டத்திலிருந்து உயரத்தில் அமைந்துள்ளது. மேற்படி கால்வாய் முக்கூடல் அருகே பாலாற்றில் சேரும் போது அதன் அடிமட்ட அளவு (Bed Level) 180 அடி கடல் மட்டத்தில் இருந்த உயரத்தில் அமைந்துள்ளது. அதனால் தென்பெண்ணையில் இருந்து பாலாற்றிற்கு இயற்கை நிலச்சரிவு மூலமாகவே முக்கூடலுக்குத் தண்ணீர் தானாகவே வந்து சேரும்.

இக்கால்வாயின் நீளம் ஏறக்குறைய 80 மைல்கள் ஆகும். அதனால் (350 - 180) 170 அடி பள்ளம்

உள்ளது. ஏறக்குறைய இக்கால்வாயின் கிரேடியன் 1 மைலுக்கு 170 / 80.2 அடி கிரேடியன் உள்ளது. இதனால் இக்கால்வாயின் மூலம் திருக்கோயிலூர் தென்பெண்ணையில் இருந்து பாலாறு முக்கூடலுக்குத் தண்ணீர் தானாகவே வந்து சேரும்.

இக்கால்வாய் மூலமாக, கடலூர், திருவண்ணாமலை, காஞ்சிபுரம் மாவட்ட மக்கள் பாசன நீரும், குடிநீரும் பெறுவார்கள். இந்த திட்டம் தமிழக ஆறுகளின் காலங்களில் வெள்ள நீரை, இக்கால்வாய் வழியாக திருமுக்கூடல் அருகே பாலாற்றுக்குத் திருப்பி விடலாம்.

6. காவேரி - வைகை ஆறுகளின் இணைப்புக் கால்வாய் திட்டம்:

மத்திய அரசின் கீழ் செயல்படும் தேசிய நீர் வளத்துறை ஆணையத்திடம் காவேரி வைகை ஆற்றை இணைக்கும் கட்டளைக் கால்வாய் திட்டம் சர்வே செய்து அவர்களிடம் உள்ளது. அதனால் இக்கால்வாய் திட்டத்தின் நகல் தமிழக அரசிடம் உள்ளது.

7. திட்டம் (அ) வைகை தாமிரபரணி ஆறுகளின் இணைப்புக் கால்வாய் திட்டம்

வைகை அணையில் இருந்து தெற்கு நோக்கி ஒரு புதிய மாபெரும் கால்வாயை வெட்டிக் கொண்டு போய் அம்பாசமுத்திரம் அருகே தாமிரபரணி ஆற்றில் சேர்க்கலாம்.

மேற்படி வைகை அணையின் அடிமட்ட அளவு 845 அடி ஆகும். இவ்வணையில் இருந்து

வெட்டப் போகும் கால்வாய் உசிலம்பட்டி வழியாக ஸ்ரீவில்லிப்புத்தூர், இராஜபாளையம், சங்கரன்கோவில் வழியாக அம்பாசமுத்திரம் அருகில் மேற்படி கால்வாயைத் தாமிரபரணியில் சேர்த்து விடலாம். தாமிரபரணியின் அடிமட்ட அளவு அம்பாசமுத்திரம் அருகே 400 அடியாகும். இதன் இடைப்பட்ட கால்வாயின் தூரம் 100 மைல்கள் ஆகும். அதனால் வைகை அணையின் வெள்ள நீர் தானாகவே இயற்கை நிலச்சரிவு மூலமாக தாமிரபரணி ஆற்றுக்கு (அம்பாசமுத்திரம் அருகே வந்து தண்ணீர் சேர்ந்து விடும்) மேற்படி கால்வாயின் அடிமட்ட அளவு சர்வே மூலமாக மேற்கூறிய இடைப்பட்ட ஊர்களின் அடிமட்ட அளவுகளைக் கண்டுபிடித்து, கால்வாயை அமைக்கலாம்.

இந்தத் திட்டத்தால் தேனி, விருதுநகர், திருநெல்வேலி மாவட்ட மக்கள் பாசன நீரும், குடிநீரும் பெறுவார்கள். இடைப்பட்ட சிற்றாறுகள் குறுக்கிடும் போது, தடுப்பணைகளைக் கட்ட வேண்டி வரும்.

திட்டம் - (ஆ) வைகை முதல் தாமிரபரணி ஆற்றின் இணைப்புக் கால்வாய் திட்டம்

மதுரைக்கு மேற்கே 20 கிலோ மீட்டர் தூரத்தில், வைகை ஆற்றின் கரையில் மேலக்கல் என்ற ஊர் அமைந்துள்ளது. அங்கு வைகை ஆற்றின் அடிமட்ட அளவு (Bed Level) 160 மீட்டர் கடல் மட்டத்திலிருந்து உயரத்தில் அமைந்துள்ளது. இங்கே ஒரு தடுப்பணையைக் கட்டலாம்.

இவ்வணையில் இருந்து, ஒரு மாபெரும் கால்வாய் வெட்டிக் கொண்டு போய் தாமிரபரணி ஆற்றில் திருநெல்வேலி அருகே கொண்டு போய் சேர்க்கலாம். இக்கால்வாய் மேலக்கல்லிருந்து ஆரம்பித்து, திருமங்கலம், விருதுநகர், கோவில்பட்டி வழியாக திருநெல்வேலிக்குக் கிழக்கே தாமிரபரணியில் சேர்த்து விடலாம்.

மேற்கூறிய ஊர்கள் கடல் மட்டத்திலிருந்து எவ்வளவு உயரத்தில் அமைந்துள்ளன என்பது பற்றியும், அதன் இடைப்பட்ட தூரங்களும் கீழ்க்கண்ட அட்டவணையில் தரப்பட்டுள்ளன.

எண்.	ஊர்களின் பெயர்	கால்வாயின் அடிமட்ட அளவு	இடைப்பட்ட தூரம் (மொத்த தூரம்)
1.	மேலக்கல் அருகே வைகை ஆறு	160 மீட்டர்	0 கி.மீட்டர்
2.	திருமங்கலம்	110 மீட்டர்	20 கி. மீட்டர்
3.	விருதுநகர்	140 மீட்டர்	45 கி. மீட்டர்
4.	கோவில்பட்டி	50 மீட்டர்	130 கி. மீட்டர்
5.	திருநெல்வேலி அருகே தாமிரபரணி ஆறு	30 மீட்டர்	180 கி. மீட்டர்

மேற்படி அட்டவணையை நோக்கின், மேலக்கல் அருகே, வைகை ஆற்றின் அடிமட்ட அளவு 160 மீட்டர். திருநெல்வேலி அருகே தாமிரபரணியில் சேரும் போது மேற்படி இணைப்புக் கால்வாய் அடிமட்ட அளவு 30 மீட்டர். இதன் இடைப்பட்ட தூரம் 180 கிலோ மீட்டர். அதனால் வைகை தடுப்பணையில் இருந்து தாமிரபரணிக்குத் தானாகவே தண்ணீர் வந்து சேர்ந்து விடும்.

8. தாமிரபரணி (சேரன்மாதேவி அருகில்) முதல் தென்குமரி வரை இணைப்புக் கால்வாய் திட்டம்:

தாமிரபரணி முதல் கன்னியாகுமரி வரை இணைப்புக் கால்வாய் வெட்டலாம். இக்கால்வாயின் வழியாக தாமிரபரணி ஆற்றில் வெள்ளம் ஏற்படும் காலங்களில், வெள்ளநீரைத் தெற்கே, கன்னியாகுமரி வரைத் திருப்பி விடலாம். இந்த வெள்ளநீர் மூலம், திருநெல்வேலி, கன்னியாகுமரி மாவட்ட மக்கள் பாசன நீரும், குடிநீரும் பெறுவார்கள். சேரன்மாதேவி அருகில் தாமிரபரணி ஆற்றின் குறுக்கே, ஒரு சிறிய தடுப்பு அணையைக் கட்டலாம். அதன் அடிமட்ட அளவு (Bed Level) 50 மீட்டர் ஆகும்.

மேற்படி தடுப்பு அணையில் இருந்து ஒரு மாபெரும் கால்வாய் நாங்குனேரி, பனங்குடி வழியாக கன்னியாகுமரி வரை வெட்டிக்கொண்டு போய், கடைசியில் கடலில் மிகுதி நீரைச் சேர்த்து விடலாம். இக்கால்வாயின் தாமிரபரணி அருகே அடிமட்ட அளவு 50 மீட்டர் கடல் மட்டத்தில் இருந்து உயரத்தில் அமைந்துள்ளது. கன்னியாகுமரி அருகே கடல் மட்ட அளவு 0 மீட்டர் ஆகும். மேற்படி புதிய கால்வாயின் நீளம் சேரன் மாதேவியிலிருந்து கன்னியாகுமரி வரை 100 கிலோ மீட்டர் ஆகும்.

ஆதலின் இக்கால்வாயின் வழியாக இயற்கை நிலச்சரிவு காரணமாக, தாமிரபரணி ஆற்றின் வெள்ள நீர் (சேரன்மா தேவியிலிருந்து) கன்னியாகுமரி

வரை தண்ணீர் தானாகவே வந்து சேர்ந்து விடும். இந்தப் புதிய கால்வாய் மூலம் திருநெல்வேலி, கன்னியாகுமரி மாவட்ட மக்கள் குடிநீரும், பாசன நீரும் பெறுவார்கள். கீழ்கண்ட அட்டவணையில் கால்வாயின் அடிமட்ட அளவும் இடைப்பட்ட ஊர்களின் தூரங்களும் குறிக்கப்பட்டுள்ளன.

எண்.	ஊர்களின் பெயர்	கால்வாயின் அடிமட்ட அளவு	மொத்த தூரம்
1.	சேரன்மாதேவி அருகில் தாமிரபரணி தடுப்பணை	50 மீட்டர் கடல் மட்டத்தில் இருந்து அமைந்துள்ளது	0 கி. மீட்டர்
2.	நாங்குனேரி	34 மீட்டர்	30 கி.மீட்டர்
3.	பனங்குடி	20 மீட்டர்	60 கி.மீட்டர்
4.	கன்னியாகுமரி	0 மீட்டர்	100 கி.மீட்டர்

இத்திட்டங்களுக்கு தமிழக ஆறுகளின் இணைப்பு திட்டத்தின் இரண்டாகும். இதனை ஆய்வு செய்து விரைவில் செயல்படுத்த வேண்டுகிறோம். வறண்ட தெற்கு திருநெல்வேலி மாவட்ட மக்கள் இக்கால்வாய் மூலம் பாசன நீரும், குடிநீரும் பெறுவார்கள்.

9. பாண்டியாறு-புன்னப்புழை திட்டம்

அ. தமிழ்நாட்டில் தோன்றி தமிழ்நாட்டில் பாயும் ஆறுகள் (அ) வைகை (அ) தாமிரபரணி ஆகும்.

ஆ. அண்டை மாநிலங்களில் ஆறுகள் தோன்றி, தமிழ்நாட்டில் பாயும் ஆறுகள், பின்னர் வங்கக்கடலில் சேர்வன. (1) பாலாறு (2) தென்பெண்ணை (3) காவேரி முதலியன.

இ. தமிழ்நாட்டில் தோன்றி மேற்கு திசையில் பாய்ந்து கேரளத்தின் வழியாக அரபிக்கடலில் சேர்வன (1) பெரிய ஆறு (2) பரம்பிகுளம் (3) காவேரி முதலியன.

நீலகிரி - கடலூர் அருகே தோன்றும் புன்னப்புழை ஆறு கள்ளிக்கோட்டை அருகில் அரபிக்கடலில் சேர்கின்றது. பாண்டியாறு நீலகிரி அருகே தோன்றும் மற்றொரு ஆறு ஆகும். கேரள அரசு தங்கள் விளைநிலத்திற்கு வேண்டிய நீரைப் பயன்படுத்திய பிறகு, வீணாகக் கடலில் போய்ச் சேருகின்றது. மிகுதி நீரில் சிறு பங்கை தமிழ்நாட்டிற்குத் தந்தால் அந்நீரை மேற்குத் தொடர்ச்சி மலையைக் குடைந்து கிழக்கே திருப்பி தமிழகத்தைச் செழிக்கச் செய்யலாம்.

இவற்றின் அடிப்படையில் பெரியாற்றைத் தேக்கடி அருகில் நீரைத் தேக்கி நீர் தேக்கம் அமைத்து, அந்த பெரியாற்று நீரை, மதுரை, வேலூர், ராமநாதபுரம், திண்டுக்கல் வட்டாரங்களுக்கு நீர்ப்பாசன வசதி செய்து தந்துள்ளோம். இவ்வாறாக பாண்டியாறு புன்னப்புழை ஆறுகளைக் கொண்டு, மேற்கிலிருந்து கிழக்கே கொண்டு மோயாற்றில் சேர்த்து விடலாம். இவ்வோடை பவானி ஆற்றின் நீர்த்தேக்கத்தின் எதிர் வாயிலில் பவானி ஆற்றுடன் கலக்கின்றது.

இந்த அத்தியாயத்தில் பாண்டியாறு - புன்னப்புழை பற்றி ஆராய்வோம். பாண்டியாறு - புன்னப்புழை மற்றும் சிற்றாறுகளும் நீலகிரி மலையில் உதகமண்டலத்திற்கும் கூடலூருக்கும்

அருகே தோன்றுகின்றன. கூடலூருக்குத் தெற்கே சுமார் 10 மைல் கடந்து தமிழ்நாட்டு எல்லையில் இருந்து கேரளத்தில் புன்னப்புழை ஆறு நுழைந்து, நிலாம்பூர் வழியாக கள்ளிக்கோட்டை அருகில் சாளியாறு என்ற பெயருடன் அரபிக்கடலில் போய் சேர்கின்றது.

இவ்வாறுகளில் தமிழ்நாட்டு எல்லையில் 3,000 கோடி கன அடிநீர் உற்பத்தியாகிறது. இது கடலில் சேரும் போது 18,000 கோடி கன அடி நீராக சேர்கின்றது. இவற்றில் 1500 கோடி கன அடிநீர் போக மிகுதி 16,500 கோடி கன அடிநீர் கடலில் வீணாகப் போகின்றது. இங்கே பெய்யும் மழை அளவு ஆண்டுக்கு 3800 மி.மீ. முதல் 5000 மி.மீ. மழை பெய்கிறது.

பாண்டியாறு - புன்னப்புழை திட்டத்தால் தமிழ்நாட்டு எல்லையில் கூடலூர் - கள்ளிக்கோட்டை சாலையில் புன்னப் புழைக்குக் குறுக்கே ஓர் அணையும், அதற்குச் சற்று தெற்கில் பாண்டிய ஆறு குறுக்கே ஓர் அணையும், இரண்டு ஆறுகளுக்கு நடுவே வரும் பள்ளத்தாக்குக் குறுக்கே மற்றொரு அணையையும் கட்டுவது என திட்டம் தீட்டப்பட்டது.

இவ்வாறு அமையும் மூன்று நீர்தேக்கங்களின், கீழ் மட்டத்தில் ஒன்றோடு ஒன்று இணைக்கப்பட வேண்டும். இவ்வாறு அமையும் மூன்று நீர்தேக்கத்திற்கு இதனால் நீர் குறையும் காலங்களில் நீர் தேக்கங்கள் ஒன்றுக்கொன்று நீரை வடித்துக்கொள்ள முடியும். இது தவிர

சிற்றோடைகளில் சிறிய அணைகளைக் கட்டி நீரைத் திருப்பி சுரங்கக் கால்வாய் மூலமாக இந்து முக்கூட்டு நீர்தேக்கங்களில் கொண்டு வந்து சேர்த்துவிடலாம்.

முக்கூட்டு நீர் தேக்கத்தின் நீரைக் கொண்டு, அதன் தெற்கு சரிவில் இருந்து தெற்கே உள்ள தேவலாயா என்னும் இடம் வரை ஒரு சுரங்கம் வழியாய் அந்தத் தண்ணீரை, அங்கிருந்து எஃகு குழாய் வழியாக வேண்டிய அளவு கீழே இறக்கி, மலை சரிவின் அடியில் ஓடிக் கொண்டிருக்கும் கரக்காட்டுப் புழையில் சேர்கிறது. பின்னர் கேரள எல்லையில் புன்னப்புழையில் சேர்ந்துவிடும். மேற்படி முக்கூட்டு நீர்தேக்கத்தின் மூலம் தமிழகம் தன் எல்லையில் மின் உற்பத்தி செய்யலாம்.

கேரளத்தில், தமிழ்நாட்டு மின் நிலையத்தில் இருந்து கழிக்கப்படும் நீரைக் கொண்டே மின் உற்பத்தி கேரள அரசு, செய்யலாம். அந்த மின் உற்பத்தி தமிழ்நாட்டில் உற்பத்தியாகும், மின் உற்பத்திக்குச் சமமாக அமையும். இந்த திட்டத்திற்காக அமைக்கப்படும் முக்கூட்டு அணைகளின் கட்டும் செலவை தமிழகமே ஏற்றுக்கொள்ளும். இதனால் கேரள அரசு எஃகு குழாய்களும், மின் உற்பத்தி நிலையமும் அமைக்க மட்டுமே செலவாகும். அதனால் கேரள அரசு மிகக் குறைந்த செலவில் மின் உற்பத்தி செய்ய முடியும்.

கேரளம் மின் உற்பத்திக்குச் செய்யும் செலவு, தமிழ்நாட்டிற்கு ஆகும் செலவில் 50 விழுக்காட்டுக்குள் அடங்கிவிடும். அதனால்

தமிழ்நாட்டின் மின் உற்பத்தி செலவு இரண்டு மடங்காகும். மறுபடியும் கேரள அரசு நமக்கு இரண்டு மடங்கு விலைக்கு விற்று விடலாம். தமிழகத்தில் தொழில் வளர்ச்சி காரணமாகவும், பல்லாயிரக்கணக்கான மக்களுக்கு வேலை கிடைப்பதினாலும் அந்த மின் சக்தியைத் தமிழகம் வாங்கிக் கொள்ளலாம். மேற்படித் திட்டம் 1965ஆம் ஆண்டு இரு மாநிலங்களான தமிழகத்திற்கும், கேரளாவிற்கும் இடையே பாண்டிய ஆறு புன்னப்புழைத் திட்டத்திற்கு உடன்பாடு ஏற்பட்டது.

தமிழ்நாட்டிற்கு ஒரு தலையாய் தோன்றும் இந்த திட்டம் உணவு விளைச்சலுக்கு தண்ணீர் பயன்படாமல் வீணே கழிந்தாலும், மின் உற்பத்தியின் காரணமாக இந்த திட்டத்தை தமிழ்நாடு ஒப்புக்கொண்டது.

10. சோழாட்டுப்புழா நீர் மின் திட்டம்

சோழாட்டுப்புழா தமிழ்நாடு கேரள எல்லையில் உள்ளது. கூடலூர் - கள்ளிக்கோட்டைச் சாலையில் சோழாட்டுப்புழா ஆறு கடக்கும் இடத்தில் ஒரு அணையைக் கட்டி நீர்த்தேக்கம் செய்வதாகும். தேக்கிய நீரைக் கேரள எல்லைக்குள் மின் நிலையம் அமைத்து, பின் மின் உற்பத்தி செய்வது என்று உடன்பாடு ஏற்பட்டது. இந்த புதிய நீர் தேக்கம் கேரள எல்லையில் பாதியும், தமிழக எல்லையில் பாதியும் அமைக்கப்படும் திட்டமாகும். இதற்கு ஆகும் செலவை இரண்டு மாநிலங்களும் (தமிழகம்-கேரளம்) சரிபாதியாக பகிர்ந்து கொள்ள வேண்டும்.

11. பாண்டியாறு - புன்னப்புழை புதிய மாற்றுத்திட்டம்

பாண்டியாறு - புன்னப்புழை திட்டத்தால், நீர் மின்சாரம் உற்பத்தியான பிறகு, அந்த நீர் வீணாகச் சாளியாறு வழியாக அரபிக்கடலில் போய் சேர்கின்றது. அந்த தண்ணீர் வீணாகக் கடலில் சேர்வதற்குப் பதிலாக, வறண்ட நிலப்பகுதியான பல்லடம், அவிநாசி, பெருந்துறை போன்ற வட்டாரப் பகுதிகளில் பயன்படுத்தி, ஏறக்குறைய 1 இலட்சம் ஏக்கர் நீர் பாசனத்திற்குக் கொண்டு வரலாம். மேற்கூறிய திட்டத்தை மறு ஆய்வு செய்து மேற்கு தொடர்ச்சி மலையைக் குடைந்து கிழக்கே கொண்டு வந்து கோவை மாவட்டத்தைச் செழிக்கச் செய்ய வேண்டும் என்று கோவை மாவட்ட மக்கள் கோரிக்கை விடுத்தனர்.

அந்த கோரிக்கையை மறு பரிசீலனை செய்யப்பட்டது. இந்த புதிய திட்டத்தில் (பாண்டியாறு - புன்னப்புழை) திட்டத்தில், நீர் தேக்கங்களில் மாறுதல் செய்யப்படவில்லை. ஆனால் பழைய திட்டத்தில் நீர் தேக்கத்தின் நீரைத் தெற்கு சரிவில் சுரங்கம் மூலமாக தண்ணீரைத் தெற்கு முகமாக எடுத்துக் கொண்டு போவதற்குப் பதிலாக வடகிழக்குத் திசையில் எதிர் வாயிலில் தொடங்கி மலையைத் துளைத்துக்கொண்டு வடகிழக்குத் திசையில் உள்ள ஓடையில் சேர்க்க வேண்டும். இந்த ஓடை கூடலூர் - மைசூர் சாலையை ஒட்டியே சென்று தெப்பக்காடு என்னும் இடத்தில் மோயாற்றில் சேர்கின்றது. மோயாறு

பவானி சாகர் நீர்த்தேக்கத்தின் எதிர் வாயிலில் பவானி ஆற்றுடன் சேர்கின்றது. ஆக மலையின் மேற்குச் சரிவில் இறங்கிக் கொண்டிருக்கும் பாண்டியாறு புன்னப்புழை தண்ணீரைப் பவானி நீர்த்தேக்கத்திற்கு சேர்த்துவிடலாம் என்பதே புதிய திட்டம் ஆகும். இதனால் ஏறக்குறைய ஒரு இலட்சம் ஏக்கர் கூடுதல் சாகுபடி கொண்டு வரலாம். ஏறக்குறைய 3,000 கோடி கன அடி நீரை, இந்த மாற்று திட்டத்தின் மூலமாக கோவை, ஈரோடு மாவட்டத்திற்குக் கொண்டு வரலாம். இந்த திட்டத்தின் மூலம் பாண்டியாறு - புன்னப்புழை தண்ணீரைக் கொண்டு மின்னாக்கம் செய்ய தெப்பக்காட்டுக்கு சற்று கிழக்கே மோயாற்றுக்குக் குறுக்கே ஓர் நீர்த்தேக்கம் அமைக்கலாம். அங்கிருந்து தெப்பக்காடு, மசனக்குடி, மோயாறு சாலை ஓரமாக சுரங்கம் அமைத்து தண்ணீரை எடுத்துச் செல்வதாகும். இப்போது இயங்கும் மோயாறு மின் நிலையம் அருகே, ஓர் புதிய மின்சாரம் அமைக்க வேண்டும்.

இந்த புதிய மின்நிலையத்தில் கூடுதலாக மின் உற்பத்தி செய்யலாம். அத்துடன் ஒரு இலட்சம் ஏக்கர் கூடுதல் பாசன வசதி ஏற்படும். கேரள அரசு 3,000 கோடி கன அடி நீரை பாண்டியாறு - புன்னப்புழையிலிருந்து தமிழ்நாட்டு மோயாற்றுக்குத் திருப்ப ஒப்புக்கொள்ள வேண்டும்.கேரளத்தின் மின் உற்பத்தி குறையாமல் இருக்க, சோழாட்டுப்புழை நீர் மின் திட்டத்தில் நமக்கு கிடைப்பதை கேரள அரசுக்கு விட்டுக்கொடுக்கலாம்.

இந்த திட்டம் புதிய திட்டத்தில் சேர்க்கப்பட்டது. இது 1965ஆம் ஆண்டில் கொண்டு வரப்பட்டது. ஆனால் கேரள அரசு இதனை ஒப்புக்கொள்ளவில்லை. அதனால் 1974ஆம் ஆண்டில் மார்ச் மாதத்தில் பாண்டியாறு - புன்னப்புழை தண்ணீரை மோயாற்றுக்குத் திருப்பும் எண்ணத்தைக் கைவிட்டு பழைய படி பாண்டியாறு - புன்னப்புழை திட்டத்தை 1965 ஆம் ஆண்டு ஏற்பட்ட உடன்பாட்டின் படியை, நிறைவேற்றித் தருவதாக தமிழ்நாடு அரசு ஒப்புக்கொண்டது.

தமிழ் நாட்டுக்கு உள்ள பிற வாய்ப்பு வசதிகள் என்ன? தண்ணீர் மனிதர் ராஜேந்திரசிங் சொல்வது என்ன?

1. இந்திய நதிகள் இணைப்பு. தென் இந்திய நதிகள்
   இணைப்பு - பெரும் பயன் இல்லை. கூடாது.
2. நதிகள் ஆக்கிரமிப்பு - மாசுபடல் - பயன்படுத்த முடியாமல் உள்ளன.
3. நிலத்தடி நீர் அளவுக்கு மேல் உறிஞ்சப்படுகிறது.
   சிறுசிறு தடுப்பணைகள் தேவை.
4. எனவே, வட்டார உள்ளூர் பாசனத் திட்டங்களுக்கு முன்னுரிமை.

தமிழ்நாட்டின் வறட்சிக்கு மூன்றே காரணங்கள்! -

"தண்ணீர் மனிதர் ராஜேந்திரசிங்"

இப்போது நாம் சந்திக்கும் தண்ணீர்த் தட்டுப்பாடு
x வறட்சியை எதிர்கொள்ள, "நதிநீர் இணைப்புத்

திட்டம் மட்டும்தான் ஒரே தீர்வு" என ஒரு கருத்து முன் வைக்கப்படுகிறது. அதை நீங்கள் எப்படிப் பார்க்கிறீர்கள்?

நதிநீர் இணைப்பு என்பது நிச்சயம் நம் தேசத்துக்கு ஒரு பேரழிவாக அமையும். இது நதிகளுக்கு மட்டுமல்ல, நதிகளைச் சுற்றியிருக்கும் பல்லுயிர் தன்மை, சுற்றுச்சூழல், மக்கள் என அனைத்துத் தரப்புக்குமே பேராபத்தாக முடியக்கூடிய திட்டம்தான். கார்பரேட் நிறுவனங்கள் பணம் சம்பாதிப்பதற்கான வாய்ப்பாகவே இந்தத் திட்டம் அமையும். தண்ணீர் தனியார் மயமாகும். இறுதியாகத் தண்ணீர் யுத்தத்துக்கே இந்தத் திட்டம் வழிவகை செய்யும். எனவே நதிகளை இணைக்காதீர்கள். பதிலாக மனித மனங்களை, சிந்தனையை நதிகளுடன் இணையுங்கள். ஏரிகளை நதிகளுடன் இணையுங்கள்.

சரி. குடிநீர் தட்டுப்பாட்டுக்கு வேறு என்ன தான் தீர்வு?

நாம் சந்திக்கும் தண்ணீர் தட்டுப்பாட்டுக்குத் தீர்வு, நீர்நிலைகளை, மக்களிடம், பஞ்சாயத்திடம் ஒப்படைப்பது தான். மையப்படுத்தப்பட்ட எந்தப் பெரும் திட்டங்களையும் யோசிக்காமல், திட்டங்களைப் பரவலாக்கி, ஒவ்வொரு கிராமத்திலும் ஏரி, குளம், கிணறுகளை வெட்டுவதுதான். மீண்டும் சொல்கிறேன், பிரச்னை எங்கு இருக்கிறதோ, அங்கேயே தீர்வையும் தேடுங்கள். நம் கிராமத்துக்குத் தீட்டுங்கள். அதுதான், நீண்டகால நோக்கில் தீர்வாக இருக்கும்.

தமிழ்நாடு வறட்சியில் இருந்து தப்பிக்க முடியுமா?

தமிழ்நாட்டைப் பொறுத்தவரை மொத்தம் மூன்று முக்கியப் பிரச்னைகள் இருக்கின்றன. நீர்நிலைகள் மீதான ஆக்ரமிப்பு, நீர்நிலைகள் அசுத்தம் அடைந்திருப்பது, அதிகப்படியான நிலத்தடி நீரை உறிஞ்சுவது, இந்த மூன்றும் தான் தமிழக நீர்நிலைகளின் நிலையை அதிகச் சிக்கலுக்கு உள்ளாக்கியிருக்கின்றன. மக்கள் நினைத்தால், இதனை மாற்ற முடியும். இழந்த நீர்நிலைகளை மீட்டெடுக்கவும், இருக்கும் நீர்நிலைகளை தூய்மைப்படுத்தவும் மக்கள் இயக்கமாக ஒன்று கூட வேண்டும். நல்ல எதிர்காலம் வேண்டும் என்றால், மக்கள் தான் தங்களுக்காக முன்வந்து போராட வேண்டும் இவையெல்லாம் நடந்தால்தான், தமிழகத்தின் நீர்வளத்தை மீட்டெடுக்க முடியும்.

- நன்றி ஆனந்த விகடன், 22-06-2017

தமிழ்நாட்டுக்கு இன்றை சூழலுக்கேற்ற பயனான நீர்வளத் திட்டங்கள் எவை? அவை எப்படிச் செயல்படுத்தப்பட வேண்டும்?

வட்டார- உள்ளூர் மக்களின் தேவைகளுக்குரிய திட்டங்களுக்கு முன்னுரிமையும் போதிய நிதியும் அளிக்கப்பட வேண்டும்.

அத்திக்கடவு - அவிநாசி நிலத்தடி நீர் செறிவூட்டும் திட்டம் (ரூ.950 கோடி)

மேட்டூர் அணையின் மிகை வெள்ள நீரை சரபங்கா - திருமணிமுத்தாறு - அய்யாற்றுக்குத் திருப்புதல்

பாண்டியாற்றை தமிழ்நாட்டின் எல்லைக்குள்ளே மோயாற்றுக்குத் திருப்புதல் (3 டி.எம்.சி. - ரூ.50 கோடி)

அமராவதி ஆற்றின் மிகை வெள்ள நீரை திருப்பூர் மாவட்டத்திலுள்ள வட்டமலைக்கரை ஓடை நீர்த்தேக்கத்திற்குத் திருப்புதல்.

வரதமாநதி நீர்த்தேக்க மிகை வெள்ள நீரை திண்டுக்கல் மாவட்டத்திலுள்ள நல்லதங்காள் ஓடைக்குத் திருப்புதல்

கொல்லிமலை அய்யாற்றின் குறுக்கே தடுப்பணை கட்டல் (3 டி.எம்.சி. - ரூ.28 லட்ச ம்)

பாலாற்றின் குறுக்கே திருமுக்கூடலில் தடுப்பணை கட்ட ல் (0.3 டி.எம்.சி. - ரூ.1750 லட்சம்)

இராமநாதபுரம் பெரிய கண்மாயிலிருந்து வீரகனூர் நீரொழுங்கி வரை சீரமைத்தல் (ரூ.110 கோடி)

- நன்றி ஆனந்த விகடன், 22-06-2017

இப்படித் தொடர்ந்து, விடாப்பிடியாக 10 ஆண்டுகளுக்குச் செய்தால் தண்ணீர் தன்னிறைவு தமிழகத்திற்கு சாத்தியமாகும்.

ரூ.100 ஆயிரம் கோடிக்கான திட்டங்கள் எவை? இதற்கு நாம் செய்ய வேண்டியவை யாவை?

தமிழ்நாட்டு நீர்வளத்தை மேம்படுத்த 10 ஆண்டு பெருந்திட்டங்கள்:

மொத்த திட்ட மதிப்பீடு	: ரூ. 1,00,000 கோடி
வீணாகும் வெள்ள நீரைச் சேமித்தல்	: ரூ. 5000 கோடி
பயன்படுத்துதல்	
ஏரிகள் கன்மாய்களின் கொள்ளளவைக்	: ரூ.15000 கோடி
கூட்டிப் பாசன முறைகளை சீரமைத்தல்	
பாசனக் கால்வாய்களை	: ரூ.25000 கோடி
வாய்க்கால்களை மேம்படுத்தி	
சீரமைத்தல்	
நிலத்தடி நீரை முறையாகப் பயன்படுத்திக் காத்தல்	: ரூ.1000 கோடி

அணைக்கட்டுகளை நீர்த்தேக்கங்களை வலிமைப்படுத்தல் கொள்ளளவினைக் கூட்டுதல் (574 x 10 கி.மீ)

வண்டல் படிவை தூரெடுத்தல்	: ரூ.2000 கோடி
கரையினை உயர்த்தல்	
(425 x 10 கி.மீ)	
தடுப்பணைகள் / சிற்றணைகள் கட்டுதல்	: **ரூ.10000 கோடி**
நீரேற்றுத் திட்டங்களை	: ரூ.30000 கோடி
வடிவமைத்து செயற்படுத்தல்	

மழை நீரை எல்லா இடங்களிலும் சேமித்தல்	: ரூ.1000 கோடி
பிற மாநிலங்களிலிருந்து உபரி நீரை பண்ட மாற்று முறையில் பெறுதல்	: ரூ.1000 கோடி
மொத்தம்	: ரூ.1,00,000 கோடி

- நன்றி ஆனந்த விகடன், 22-06-2017

5.
துல்லிய ஆர்கானிக் பண்ணைத் திட்டம்

நாம் செய்ய வேண்டியது என்ன?

முதலில் வேளாண் மண்டலங்கள் என்னும் சிறு அலகில் பிரச்சினைகளை அடையாளம் காண வேண்டும். உழவர்கள், உள்ளூர் வேளாண்துறை அதிகாரிகள், மேலாண்துறை அறிஞர்கள், சிறந்த தன்னார்வ தொண்டு நிறுவனங்களின் தலைவர்கள் கொண்ட குழுவை அமைத்து பிரச்னைகளை வணிக நோக்கில் அணுக வேண்டும்.

கிராமங்கள் தோறும் உருவாக்கப்படும் துல்லிய ஆர்கானிக் பண்ணைத் திட்டம், வட்டார, மாவட்ட கூட்டுறவு ஆர்கானிக் பண்ணை திட்டமாக உருவாகி மண்டல இணையத்தோடு இணைக்கப்பட வேண்டும்.

இந்த நிறுவனம் முழுக்க முழுக்க சிறு / குறு உழவர் நலன் சார்ந்து சுயசார்புள்ள நிறுவனங்களாக அமைக்கப்பட வேண்டும்.

1. திட்டமிட்ட பயிர் சாகுபடி

86

2. சீதோஷ்ண நிலைக்கும் சந்தை வாய்ப்புக்கும் ஏற்ற பயிர்கள்
3. ஒருங்கிணைந்த சேகரிப்பு மையங்கள்
4. நாடெங்கும் சில்லறை விற்பனை மையங்கள், உழவர்
   சந்தைகள், கிராம, நகர சந்தைகள்
5. தடையற்ற போக்குவரத்து வசதிகள்
6. நவீன பதன ஆலைகள்
7. ஏற்றுமதி வாய்ப்புகளை உறுதி செய்தல்
8. வெளிநாடுகளிலும் சில்லறை விற்பனை ஷோரூம்கள்

கிராமங்கள் தோறும் அமைக்கப்படும் துல்லிய ஆர்கானிக் கூட்டுறவு பண்ணைத் திட்டத்தில் 15-20 விவசாய உறுப்பினர்கள் இருப்பர்.

1. உறுப்பினர் கட்டாயம் விவசாயி ஆக இருக்க வேண்டும். குறைந்தது 50 சென்ட் சாகுபடி நிலம் இருக்க வேண்டும்.
2. அந்த கிராமத்தை சார்ந்தவராக இருக்க வேண்டும்.
3. எந்த அரசியல் பின்னணியும் இல்லாதவராக இருக்க வேண்டும்.
4. 10 ஆண்டுகள் முன்பு வரை தேர்தலில் போட்டியிட்டு இருக்கக் கூடாது.

இந்த கிராம கூட்டுறவு சபையின் தேர்ந்தெடுக்கப்பட்ட தலைவர், செயலாளர் ஆகியோர் (பதவி காலம் 2 ஆண்டுகள்) ஒன்றிய பண்ணைத் திட்டத்தின் உறுப்பினர் ஆவர். இந்த ஒன்றியத்தின் தேர்ந்தெடுக்கப்பட்ட தலைவர், செயலாளர்

ஆகியோர் மாவட்ட கூட்டுறவு பண்ணைத் திட்டத்தின் உறுப்பினர் ஆவர். மேலும் மாவட்ட ஆட்சியர், மாவட்ட பொதுப்பணித்துறை தலைமை பொறியாளர் ஆகியோரும் மாவட்ட பண்ணைத் திட்டத்தில் ஓட்டுரிமை இல்லாத உறுப்பினர்கள் ஆவர்.

மாவட்டத்தின் தேர்ந்தெடுக்கப்பட்ட தலைவர், செயலர் மாநில மண்டல பண்ணைத் திட்டத்தில் உறுப்பினர் ஆவர். கூட்டுறவு அமைப்புகள் எப்போதும் வணிக நோக்கில், லாபகரமாக இயங்கும்படி கட்டமைக்கப்பட வேண்டும். வணிக நோக்கில் லாபகரமாக நடத்தப்படாத கூட்டுறவு என்பது தோல்வியில் தான் முடியும் என்பது நிதர்சனமான உண்மை.

சுயநலவாதிகளும், அரசியல்வாதிகளும் ஒரு விரலைக் கூட நீட்ட முடியாத அளவில் நமது கூட்டுறவு அமைப்புகள் வலுவாக இருக்க வேண்டும்.

துல்லிய ஆர்கானிக் பண்ணைத் திட்டம் என்பது உழவர்களின் கூட்டுறவு அமைப்பு. இதன் நோக்கம் அதன் உறுப்பினர்களான உழவர்களின் பொருட்களுக்கு நல்ல விலை பெற்றுத் தருவதும், அவர்களின் பிரச்சினைகளை அடையாளம் கண்டு தீர்த்து வைத்தலுமே அன்றி அங்கு அரசியலுக்கோ, பணம் சம்பாதிக்க எண்ணும் சுயநல கும்பலுக்கோ இடம் இருக்கக்கூடாது. மேலும் உழவர்களின் விளைபொருட்கள் உண்மையான ஆர்கானிக் தரத்தோடு விற்பனை செய்வதை உறுதி செய்ய

வேண்டும். அதற்கான பொறுப்பை உழவர் குழுக்கள் ஏற்றுக் கொள்ள வேண்டும்.

பால் கூட்டுறவு சங்கம் போன்றே, காய்கறிகளின் உற்பத்தியாளர் சங்கம், பழங்கள் உற்பத்தியாளர் சங்கம், மஞ்சள், வாழை, எண்ணெய் வித்துக்கள் போன்று ஒவ்வொரு பயிருக்கும் அது அதிகம் உற்பத்தியாகிற இடங்களில் அந்தந்த உற்பத்தியாளர் சங்கங்களை தோற்றுவிக்கலாம். ஆனால் விற்பனை என்று வரும்போது ஒவ்வொரு மாவட்ட அளவில் பொருட்கள் அளவிடப்பட்டு, எங்கெல்லாம் விற்பனை வாய்ப்புகள் உள்ளதோ அங்கு எடுத்துச் செல்லப்பட வேண்டும்.

மிகவும் சவாலான பணிதான் எனினும், இன்றைய மேம்பட்ட தொழில்நுட்ப அறிவு மிகுந்த காலத்தில் இவை எல்லாம் சாத்தியமே. தமிழகத்தில் 10 ரூபாய்க்கு விற்கப்படும் தேங்காய் மும்பையில் 30 ரூபாய்க்கு விற்கப்படுவதை இன்றும் காண்கிறோம். 5 ரூபாய்க்கு குஜராத்தில் விற்கப்படும் பூண்டு, தமிழ்நாட்டில் 80 ரூபாய்க்கு விற்கப்படுகிறது. இதற்கெல்லாம் தேவை சற்று யோசனையும், போக்குவரத்து வசதிகளும் மட்டுமே.

இன்றும் சிறிய அளவில் தனி நபர் கையில் உள்ள வியாபாரத்தை கூட்டுறவு அமைப்புகள் கையில் எடுத்துக்கொண்டு, விரிவாக அனைத்து உழவர்களும் பயன்பட செய்வதுதான் இந்த அமைப்பின் நோக்கம்.

தமிழ்நாடு வேளாண்மை பல்கலைக்கழகம் (TNAU) போன்ற ஆராய்ச்சி நிலையங்களை பயன்படுத்துவோம்.

1. வட்டாரத்துக்கு ஏற்ற சீதோஷ்ண நிலை
2. சந்தைக்கு ஏற்ற பயிர்
3. அறுவடை காலங்கள்
4. அறுவடைக்குப் பின் சேமிப்பு
5. நஞ்சில்லா விவசாயத்தின் சாகுபடி நுணுக்கங்கள்
6. விவசாயிகளுக்கும் நிர்வாகிகளுக்கும் பயிற்சி
7. மேம்படுத்தப்பட்ட பொருட்கள் (Value added goods)
8. ஆர்கானிக் விவசாயத்திற்கான மேற்பார்வை மற்றும் சான்றிதழ்கள்

இன்றைய காலகட்டத்தில் உழவர் உற்பத்தியாளர் கம்பெனி என்று இயங்கி வரும் உழவர் குழுக்களைப் பார்ப்போம். 500 / 1000 உழவர்களின் ஒருங்கிணைப்போடு ஒரு கம்பெனியாக பதிவு செய்யப்பட்டு பல்வேறு இதர தொழில்கள், பெட்ரோல் பம்ப், உர விற்பனை நிலையம், பல்பொருள் அங்காடி என தங்களின் திறமைக்கேற்ப இதர தொழில்களை செய்கின்றன. இது உழவர்களுக்கு வியாபார சிந்தனையை ஒரு கம்பெனியை எப்படி இயக்குவது? என்ற அனுபவத்தை உள்ளூரில் தருமேயொழிய, விவசாயிகளின் அனைத்து விளைபொருளுக்கு நல்ல விலையை பெற்றுத் தரமுடியாது.

ஒவ்வொரு மாவட்டத்திலும் உற்பத்தி செய்யப்படும் விளைபொருட்கள் சேகரிக்கப்பட்டு நாட்டில் எங்கெங்கு தேவை உள்ளதோ அங்கு விற்கப்பட வேண்டும். "அமுல்" போன்றே.

நாட்டின் எல்லாப் பெருநகரங்களிலும் துல்லிய பண்ணைத் திட்ட ஆர்கானிக் ஷோரூம்கள் நிறுவப்படலாம். மாநில தலைநகர், மாவட்ட தலைநகர் போன்ற இடங்களில் ஆர்கானிக் பொருட்கள் தர முத்திரையோடு விற்பனை செய்யப்பட வேண்டும். அதே நேரத்தில் ஏற்றுமதிக்கான வாய்ப்புகளையும் தேட வேண்டியிருக்கும்.

ஒவ்வொரு மண்டலமும் தனி வேளாண் மண்டலமாக அறிவிக்கப்பட்டு, அதற்கான நீர் ஆதாரங்கள், பயிர் வகைகள், கொள்முதல் திட்டங்கள் அறிவிக்கப்படும். அந்த மண்டலத்தின் ஆர்கானிக் பொருட்களின் விற்பனை, விநியோகத்தின் தன்மைகள் வரையறுக்கப்பட்டு, மேலாண்மை நிபுணர்களின் வழிகாட்டுதலோடு உள்ளூர் நுகர்வோர் பயன்பாடு, ஏற்றுமதி போன்ற திட்டங்கள் வழிகாட்டப்படும்.

விலை நிர்ணயம் என்பது மண்டல குழுவின் வழிகாட்டுதலின் படி மாவட்ட பண்ணைத் திட்டம் முடிவு செய்யும்.

இந்த துல்லிய பண்ணைத் திட்டத்தின் நோக்கங்கள் பின் வருமாறு தெளிவாக வரையறுக்கப்பட வேண்டும்.

1. இதன் தலையாய நோக்கம் விவசாயிகளுக்கு விளைபொருட்களுக்கு நல்ல விலை பெற்றுத் தருதல்.

2. உபயோகிப்பாளர்களுக்கும் சரியான விலையில், தட்டுப்பாடில்லாமல் தரமான நஞ்சில்லாத பொருள்கள் கிடைக்க வேண்டும்.

3. போலி ஆர்கானிக் உற்பத்தியாளர், விற்பனையாளர்களின் முகமூடி கிழித்தெறியப்பட வேண்டும்.

4. அமுல் போன்றே விற்பனை விலையில் 60-70 சதவிகிதம் கொள்முதல் விலை நிர்ணயிக்கப்படவேண்டும்.

5. இந்த கூட்டுறவு அமைப்புகள் சிறந்த மேலாண் நிபுணர்களின் தலைமையில் ஊழலற்ற, கட்டுப்பாடான அமைப்புகளாக செயல்பட வேண்டும்.

6. விற்கப்படும் ஆர்கானிக் பொருட்களின் தரத்திற்கு இந்த அமைப்பு உத்திரவாதம் கொடுக்க வேண்டும்.

7. எந்த விதமான அரசியல், வியாபாரிகளின் தலையீடும் இருக்கக் கூடாது.

8. இந்த அமைப்பின் வெற்றியே வேளாண் மறுமலர்ச்சிக்கு துணை நிற்கும் என்ற உண்மையைகீழ்மட்ட உறுப்பினர் வரை கொண்ட சேர்ப்போம்.

இந்த கட்டமைப்புகளின் பயன் பல்வேறு வகையிலும் நாட்டுக்கு பயன்படும்.

1. சாலை வசதிகள், மின்பாதைக்கான நிலம் கையகப் படுத்தல் போன்ற சிக்கலான பிரச்சினைகளுக்கு

2. விவசாயிகளின் உண்மையான பிரதிநிதிகளுடன் பேசி சாதகமான தீர்வைப் பெற முடியும்.

3. நதிநீர் தாவாக்களை எளிதில் தீர்க்க முடியும்.

4. சரியான பருவ காலத்தில் அணைகளை திறந்து மூடமுடியும். இதன் மூலம் சிறந்த மகசூலை விவசாயிகள் அடைய முடியும்.

5. அரசின் கொள்கை முடிவுகள் அனைத்து விவசாயிகளையும் எளிதில் சென்றடையும்.

6. குடிமராமத்து, நீர் மேலாண்மை போன்ற திட்டங்களை உழவர்களின் மேற்பார்வையில் செயல்படுத்த முடியும்.

வலுவான இந்த கட்டமைப்புகள் உழவர்களுக்கு பேருதவி செய்வதோடு அரசுக்கும் பக்கபலமாக இயங்கும்.

6.

இயற்கை வேளாண்மையின் முன்னுள்ள சவால்களும் வாய்ப்பும்

இயற்கை வேளாண்மை

இயற்கை வேளாண்மை என்பது ஒரு சிக்கலான, சவாலான பிரச்னை எனும்போது அரசு கவனமாக இரு கட்டங்களில் முயற்சிக்கலாம்.

முதல் கட்டமாக நஞ்சில்லா உணவுப்பொருட்கள் என்ற முத்திரையோடு இரசாயன பூச்சி மருந்துகள், களைக்கொல்லிகள் பயன்படுத்தாத காய்கறிகள், பழங்கள் போன்றவற்றை உடனடியாக விளைவித்து உள்நாட்டு விற்பனை மற்றும் ஏற்றுமதிக்கு முயற்சிக்கலாம். இது 30% உழவர்களுக்கு நல்ல வருமானத்தை தரக்கூடும். இதற்கான தரச்சான்றுகளை உழவர் உற்பத்தியாளர் கம்பெனி போன்றோரும், (அரசு சார்பற்ற, அங்கீகரிக்கப்பட்ட பரிசோதனை கூட) ஆய்வறிக்கையோடு அரசின் தரச்சான்றோடு விற்பனை செய்யலாம்.

நாடெங்கிலும் சிறு, குறு, பெரிய நகரங்களில் செயல்படும் ஆர்கானிக் உழவர் உற்பத்தியாளர்

கம்பெனியின் நேரடி விற்பனை நிலையங்களிலும், அவர்களால் அங்கீகரிக்கப்பட்ட தனியார் (அ) முகவர்களால் விற்பனை செய்யலாம்.

உழவர் உற்பத்தியாளர் குழுவின் ஏற்றுமதி பிரிவு நஞ்சில்லா உணவுப் பொருட்கள் ஏற்றுமதியில் கவனம் செலுத்தலாம். இன்று வரை நிறைய நாடுகளில் பூச்சி மருந்து தடயங்களுக்காக (Pesticial Residue) தடை செய்யப்பட்டுள்ள, கறிவேப்பிலை, வெண்டை, திராட்சை ஆகியவை ஏற்றுமதிக்கான வாய்ப்புகளைப் பெற முடியும்.

இரண்டாவது கட்டமாக ஒவ்வொரு மாநிலமாக முழு அங்க (100% ஆர்கானிக்) விவசாயத்துக்கு திட்டமிட்டு நெல், கோதுமை போன்ற பயிர்களை இரசாயன உரங்கள், பூச்சி மருந்துகள், களைக்கொல்லிகள் இன்றி முயற்சிக்கலாம். எப்படியும் சர்வதேச அங்கக சான்றிதழ் (Organic Certificate) பெற 3 வருடங்கள் ஆகும்.

அதுவரை ஒவ்வொரு மாநிலமாக முயற்சிக்கும் போது உணவுப் பற்றாக்குறை என்ற பயமின்றி முயற்சி எடுக்கலாம். ஏற்கனவே நமக்கு அறிமுகமான முன்னோடி ஆர்கானிக் விவசாயிகளை முன் கள உற்பத்தியாளர்களாக பயன்படுத்தலாம்.

பசுமைப் புரட்சிக்கு (1950-60) என்னென்ன விரிவாக்க நடவடிக்கைகள் மேற்கொண்டோமோ அதே நடவடிக்கைகளை ஆனால் தற்போதைய முன்னேறிய தகவல் தொழில் நுட்ப காலத்தில் மிக எளிதாக இலக்கை அடைய முடியும்.

அரசுக்கும், வேளாண் நிபுணர்களுக்கும் உள்ள ஒரு மிகப்பெரிய சந்தேகம் உயர்விளைச்சல் தரும் ரகங்கள், இயற்கை வேளாண்மையில் (இரசாயன உரங்கள், பூச்சி மருந்துகள் இன்றி) உயர் விளைச்சல் தருமா? என்ற மிகப் பெரிய கேள்வி எழுகிறது.

இதற்கு பதில்: இன்றைக்கும் ஏராளமான, இயற்கை விவசாய ஆர்வலர்கள் இந்த உயர் விளைச்சல் ரகங்களை, ஆர்கானிக் விவசாயத்தில் பயிரிட்டு நல்ல விளைச்சல் பெறுகின்றனர். அவர்களின் விபரங்களை இத்துடன் இணைக்கப்பட்டுள்ளன.

1. இத்தனை லட்சம், கோடி விவசாயிகளை சட்டென இயற்கை விவசாயத்துக்கு மாற்றி விட முடியுமா? சரியான கேள்வி தான்!

பதில்: எப்படி 1950களில் எல்லா விவசாயிகளிடமும் பசுமைப்புரட்சி, வீரிய விதைகளை, ரசாயன உரங்கள், பூச்சி மருந்துகளை கொண்டு சேர்த்தோமே! அதே வழி தான்.

2. இயற்கை விவசாயம் செய்தால் உயர் விளைச்சல் ரகங்களை சாகுபடி செய்ய முடியுமா?
   நமக்கு நல்ல விளைச்சல் கிடைக்குமா?
   நாட்டு மக்களுக்கு உணவளிக்க முடியுமா?
   சரியான கேள்வி தான்!!

பதில்: இதோ தமிழ்நாட்டின் கடந்த 5 ஆண்டுகளில் இயற்கை முறையில் அதிக விளைச்சல் தரும் ரகங்களைப் பயிரிட்டு நல்ல விளைச்சல் கண்ட உழவர்களின் பட்டியல்.

இயற்கை வேளாண்மையினால், நாட்டில் உணவுப் பஞ்சம் ஏற்படாது. இதற்கு இவர்களே உதாரணம்.

1. பி.வி.வெங்கடேசன்
   35 வயது, சிறு விவசாயி, புதூர் கிராமம், கனியம்பாடி அஞ்சல்
   வேலூர் மாவட்டம்
   ரகம் - ஆடுதுறை 45
   கறம்பையில் கடந்த 2 வருடமாக
   2019-ல் மகசூல்
   40 செண்ட்டில் 960 கிலோ
   2020 66 செண்ட்டில் தற்பொழுது Standing Crop
   மொபைல்: 99444 65825

2. திருவள்ளுவர் 64 வயது
   திருத்துறைப்பூண்டி
   திருவாரூர் மாவட்டம் ரகம் - ஐ.ஆர் 20
   மகசூல் 18 மூட்டை x 60 கி - 1080 கிலோ

புழுதியில் நேரடி விதைப்பு, களை எடுத்தல், அறுவடை (Aerobic rice method) மொபைல்: 99421 84984

3. எம். சுசீந்தர்
   83, தெற்குத் தெரு,
   பெண்ணாடம் ரோடு,
   விருதாச்சலம் தாலுகா - 606 001.
   ரகம்: சி.ஆர்.1009 (2019)
   சி.ஆர்.1009 மகசூல் 45% - 60 கிலோ - 2700 - ஏக்கர்

Date collceted from organic farmas

S.No.	Organic Farmer Name	District	Contact Number	Crop	Yield per Acre
1.	Mr. Ragunathan	Erode	94439 46559	Traditional Paddy Varieties	2019-1040 Kg 2018-1040 Kg 2017-1040 Kg
2.	Mr. Rasaa Gounder	Erode	98427 42633	Banana	1. Nendiran Banana 2. Mondhan Banana Average Weight 20 Kg Per Thaar
3.	Mr. Vivekanandhan	Erode	97887 76666	Traditional Paddy Variety	1300 Kg Average
4.	Mr. Gowrishankar	Namakkal	99528 40547	Traditional Paddy Variety	2019 - 1300 KG 2018 - 1300 KG 2017 - 1300 KG 2016 - 1300 KG
5.	Mr. Anbu	Trichy	75981 53621	Traditional Paddy Variety	2019 - 1300 KG 2018 - 1300 KG 2017 - 1300 KG 2016 - 1300 KG

No.	Name	Place	Phone	Variety	Details
6.	Mr. Ramalingam	Tanjore	80989 26888	Traditional Paddy Variety	From 2015 - 2019 Yield Varieties from 1500 Kg. The average is 1575 Kg
7.	Mr. Vijay Mahesh	Tanjore	87549 69831	Traditional Paddy Variety	From 2012 to 2019: Yield Varieties from 1800 kg to 2500 kg. The Average is 2150 kg
8.	Mr. Elangovan	Tanjore	95002 68744	Traditional Paddy Variety	From 2016 to 2019 The average is 1700 kg
9.	Mr. Venkatesh	Mayiladu thurai	94436 34287	Traditional Paddy Variety	From 2016 to 2019 The average is 1620 kg

S.No.	Organic Farmer Name	District	Contact Number	Crop	Yield per Acre
10.	Mr. Aalappan	Mayiladu Thurai	98420 93143	Traditional Paddy Varieties	From 2005 to 2019: Yield varieties from 1500 kg to 2100 kg depending on the paddy variety. The average is 1800 kg
11.	Mr. Anbarasu	Mayiladu Thurai	99945 87579	Traditional Paddy Varieties	From 2017 to 2020: Yield varieties from 1440 kg to 1600 kg the paddy variety. The average is 1520 kg
12.	Mr. Nagaraj	Ariyalur	90031 13193	Traditional and Other paddy varieties and Groundnut	The Average yield 2015 onwards: 1. AtturKitchili-1550kg 2. Bloom seven- 1550 kg 3. CR 1009-1860 kg 4. Groundnut 1250 kg

13.	Mr. Aaru. Velusamy	Sivakangai	80567 50448	Traditional Paddy Variety	2017 - 1408 kg 2018 - 1600 kg 2019 - 2048 kg
14.	Mrs. Bhuvaneswari	Madurai	97869 33459	Traditional Paddy Variety	2017 - 2310 kg 2018 - 1848 kg 2019 - 2786 kg
15	Revathy	Nagapatt Inam	94433 43336	Traditional Paddy Variety	Traditional Varities

இயற்கை வேளாண்மையைப் பொறுத்து மத்திய, மாநில அரசுகளும் தற்போது ஆர்வம் காட்டி வருகின்றன. 2019-20 வருடத்தில் மொத்தம் ஆர்கானிக் சாகுபடி பரப்பு - 3.67 மில்லியன் ஹெக்டேர்.

இதில் மத்திய பிரதேசம் முதலிடம் வகிக்கிறது. தொடர்ந்து ஆர்கானிக் ஃபார்மிங் ஹெக்டேரில்

மத்திய பிரதேசம்	756000
ராஜஸ்தான்	350000
மகாராஷ்டிரா	284000
குஜராத்	103000
கர்நாடகா	111000
ஒடிசா	118000
சிக்ககிம்	155000
உத்திரப்பிரதேசம்	79000

ஆகிய மாநிலங்களும் ஆர்வம் காட்டி வருகின்றன. 2016ஆம் ஆண்டிலிருந்து சிக்கிம் மாநிலம் முழுவதும் நஞ்சில்லா விவசாயம் (75000 ஹெக்டேர்) என்ற நிலையை எட்டியுள்ளது.

இந்தியாவின் ஏற்றுமதி (2019-20) M.ton

இந்தியாவின் ஏற்றுமதி ஆர்கானிக் உணவுப் பொருள் - 4686 கோடிகள் ஆர்கானிக் பொருட்கள் ஏற்றுமதியாகும் நாடுகள்:

1. அமெரிக்கா
2. ஐரோப்பிய நாடுகள்
3. கனடா
4. சுவிட்சர்லாந்து

5. ஆஸ்திரேலியா
6. ஜப்பான்
7. இஸ்ரேல்
8. அரபு நாடுகள்
9. நியூசிலாந்து

ஆர்கானிக் பொருட்கள் என்பவை இன்றைய மதிப்பில் மதிப்பு கூட்டப்பட்டவை (Value Added) எனலாம். இதன் உற்பத்தி செலவு கூடுதல் என்று கூற முடியாது. ஆனால் இதற்கு உழவர்களையும் நிலத்தையும் தயார்படுத்துவது சற்று சிரமமான காரியம். ஆனால் சாத்தியமே!

இயற்கை வேளாண்மை பற்றிய ஓர் பார்வை:

இயற்கை வேளாண்மையின் அவசியம் மற்றும் அதன் முறைகள்:

இன்று பெரும்பாலானோர் இயற்கை விவசாயம், இயற்கை உணவு என இயற்கையினை நோக்கி திரும்பி உள்ளனர். மாறி வரும் இயற்கையும், காலநிலையும் மக்களுக்கு எச்சரிக்கை விடுத்துள்ளது எனலாம். இயற்கை வேளாண்மையின் அவசியத்தை உரக்கச் சொல்லி வருகிறார்கள் இயற்கை வேளாண்மை ஆய்வாளர்கள்.

இயற்கை வேளாண்மை பற்றி விவசாயிகள் மட்டுமின்றி அனைவரும் தெரிந்து கொள்வது மிக அவசியமாகும். ரசாயனம் கலந்த மண்ணை மாற்ற அவசியமானதாகவும் உள்ளது. இயற்கை வேளாண்மையில் நமக்கு எல்லா உயிரினங்களும் ஏதாவது ஒரு வகையில் நன்மையையே செய்கின்றன.

பஞ்ச பூதங்களையும் பாதிக்காமல் இயற்கை முறையில் வேளாண்மை செய்யும் பொழுது நாம் நமது அடுத்த தலை முறைக்கு நஞ்சற்ற வேளாண் முறையை தருவதோடு ஆரோக்கியமான உணவுக்கும் வழிவகை செய்கின்றோம் என்பதை நினைவில் கொள்ள வேண்டும்.

இயற்கை வேளாண்மையின் அடிப்படை நிலைகள்

அனைத்து விதமான பயிர் வளர்வதற்கு ஏற்றவாறு நிலத்தினை தயார் செய்வது வேளாண்மையின் முதல் படியாகும்.

எனவே நிலத்தினை நன்கு உழுது, மண்ணினை உழுவதற்கு எளிதாகவும் பஞ்சு போல மிருதுவானதாகவும் மாற்ற வேண்டும். இயற்கை வேளாண்மையினை எப்போது வேண்டுமானாலும் துவங்கலாம். 50 வருடங்கள் செயற்கை உரம் பயன்படுத்திய நிலத்தின் வளத்தினை கூட 6 மாதங்களில் இயற்கை வேளாண்மையின் மூலம் மீட்டெடுக்கலாம்.

பயிர் சுழற்சி முறை:

விவசாயிகள் தங்களது விளை நிலங்களில் ஆண்டு முழுவதும் ஒரே மாதிரியான பயிர் வகைகளை சாகுபடி செய்வதைத் தவிர்த்து சுழற்சி முறையில் பயிர்களைத் தேர்வு செய்து சாகுபடி செய்தால் கூடுதல் மகசூல் கிடைக்கும். அது மட்டுமல்லாது ஒரே மாதிரியான பயிரினை தொடர்ந்து பயிர் செய்வதால் நிலமானது தனது

வளத்தினை இழக்கிறது. எனவே பயிர்களை சுழற்சி முறையில் பயிர் செய்வதன் மூலம் நிலம் இழந்த வளத்தினை மீட்டெடுக்கலாம். பயிர் செய்யும் நிலத்தின் தன்மை, நீரின் அளவு ஆகியவற்றுக்கு ஏற்ப பயிர் சுழற்சி முறையை மேற்கொள்ளலாம்.

கலப்பு பயிர் மற்றும் ஊடுபயிர் சாகுபடி:

இயற்கை வேளாண்மையில் கலப்பு மற்றும் ஊடுபயிர் சாகுபடி செய்வதன் மூலம் பயிர் மகசூல் அதிகரிக்கிறது. இவ்வாறு செய்வதினால் களைச்செடிகளின் எண்ணிக்கை பெருமளவில் கட்டுப்படுத்தப்பட்டு, பூச்சிகளின் தாக்குதலை வெகுவாக குறைக்கலாம். இயற்கை பூச்சி விரட்டிகளைப் பயன்படுத்துதல்:

செயற்கை உரங்களைப் பயன்படுத்தும் போது நன்மை செய்யும் பூச்சிகள் மற்றும் தீமை செய்யும் பூச்சிகள் எவை என்று பாராமல் அனைத்தையும் அழித்து விடும். இயற்கைப் பூச்சி விரட்டிகள் தீமை செய்யும் பூச்சிகளை விரட்டும் பண்புடையது. மேலும் விளைவிக்கப்படும் காய்கறிகள், பழங்கள் ஆகியவற்றிலும்

இராசயன கலப்பின்றி சுவையான ஆரோக்கியமானவற்றை உண்ணலாம்.

மூடாக்கி போடுதல்:

மூடாக்கி போடுதல் என்பது முடி போடுதல் எனலாம். மூடாக்கு இடுவதன் முக்கிய நோக்கம் விளைச்சலை அதிகப் படுத்துவது ஆகும். இதற்காக

பயிர்களுக்கு இடையே இலை, தழை, வைக்கோல், கரும்பு சோகை ஆகியவற்றைக் கொண்டு முடி விடுவார்கள். இதனால் வேர் பகுதிகளின் ஈரப்பதம் பாதுகாக்கப்பட்டு மண்புழுக்கள் வளர ஏதுவாக இருக்கும். களைச்செடிகளின் வளர்ச்சி கட்டுப்பாடு மண்ணின் தன்மை காக்கப்படுகிறது.

இயற்கை உரங்கள் மற்றும் பயிர் வளர்ச்சி ஊக்கிகளைப் பயன்படுத்துதல்

இயற்கை உரங்கள் ஆன மண்புழு உரம், சாண எரு உரம், தொழு உரம், பசுந்தாள் உரம், மற்றும் பசுந்தழை உரம் ஆகிவற்றைப் பயன்படுத்தலாம்.

பயிர்கள் நன்கு செழித்து வளர அதிக இயற்கை பயிர் வளர்ச்சி ஊக்கிகளான குணப்பசலம், தேங்காய்ப்பால் மோர், அமிர்தக் கரைசல், பஞ்சகவ்யா ஆகியவை பயன்படுத்த வேண்டும்.

பயிர்களுக்கு இடையேயான இடைவெளி

நம் முன்னோர்கள் ஒவ்வொரு பயிருக்கும் இடைவெளியினை, நெல்லுக்கு நண்டோட, கரும்புக்கு ஏரோட, வாழைக்கு வண்டியோட, தென்னைக்குத் தேரோட என்னும் பழமொழிக்கு ஏற்ப வகுத்தனர்.

தரமான நாட்டு விதைகளைப் பயன்படுத்துதல்

ஒவ்வொரு தாவரத்திற்கு உயிர் நாடி என்பது விதையாகும். எனவே விதைகளை தேர்ந்தெடுக்கும் போது கவனமாக இருக்க வேண்டும். தரமான நாட்டு விதைகளைப் பயன்படுத்தி இயற்கை முறையில் வேளாண்மை செய்வதன் மூலம் அதிகமான

விளைச்சலுடன் தரமான பொருட்களைப் பெற இயலும்.

இயற்கையை வணங்குவோம்! விவசாயம் காப்போம்!!

ஆதிகாலத்தில் இடி, மின்னல், மழை, வெள்ளம் என இயற்கை சீற்றங்கள் மீது ஏற்பட்ட பயத்தின் காரணமாகவே வழிபாடு என்ற ஒன்றே தோன்றியதாக வரலாற்று ஆய்வாளர்கள் கூறுகின்றனர். ஆரம்ப காலங்களில் பயத்தினால் இறை, இயற்கை வழிபாடு தோன்றியது என்றாலும், காலப்போக்கில் அது இயற்கைக்கு நன்றி தெரிவிக்கும் நிகழ்வாகவும் மாறியிருந்தது.

அதேபோல, தமிழர்களின் வாழ்வியலோடு இரண்டற கலந்த வழிபாட்டு முறையில், விவசாய பொருட்களுக்கே, அதிக முக்கியத்துவம் அளிக்கப்பட்டு வருகிறது. இதற்கு எண்ணற்ற உதாரணங்கள் உண்டு. குறிப்பாக இயற்கையை பாதுகாக்க, ஒவ்வொரு கிராமத்திலும் கோயில்களைச் சுற்றிலும் அந்த இடத்துக்கே உரித்தான தாவரங்கள், கால்நடைகள், பறவைகள், நீர்த்தேக்கங்களை உள்ளடக்கிய பாதுகாக்கப்பட்ட சிறிய வனப் பகுதிகள் உருவாக்கப்பட்டன. அவையே கோயில் காடுகள் என்றும் அழைக்கப்பட்டன. மேலும் பல கோயில்களிலும் எண்ணற்ற பலன்களைத் தரும் வேப்பமரம், வில்வமரம், அரசமரம் போன்ற மரங்கள் பாதுகாக்கப்பட வேண்டும் என்ற நோக்கில் தல விருட்சமாக வைத்து வழிபடுகின்றனர்.

இறைவனை எண்ணெய் தீபம் ஏற்றி வழிபடுகிறோம். அந்த எண்ணெய் எள்ளில் இருந்து கிடைக்கிறது. அரிசியால் நைவேத்தியம் செய்கிறோம். இப்படி நாம் படைக்கும் பூஜை பொருட்களிலிருந்து உடைக்கும் தேங்காய் வரை அனைத்தும் இயற்கை விவசாயப் பொருட்கள் தான். இறைவனை வழிபட நன்றியை வெளிப்படுத்த ஒரு சாதனமாக இருந்ததும் இந்த விவசாய விளைபொருள்கள் தான்.

கடவுளை வழிபட மட்டுமல்ல, கடவுள் உறையும் கோயிலையும் விவசாயப் பொருள்களை போற்றும் வகையில் அமைத்திருக்கிறார்கள் நம் முன்னோர்கள். விவசாய தானியங்கள் அனைத்தும் ஒரு வேளை நீரில் மூழ்கி அழிந்து போனால், மீண்டும் எதை வைத்து பயிர் செய்வது? என்று சிந்தித்த அவர்கள், அக்காலங்களில் ஊரில் சற்று உயரமாக இருந்த கோயில் கோபுரத்தை நீர் சூழ வாய்ப்பில்லை என்று முடிவெடுத்துதான், கோயில் கோபுர கலசத்தில் வரகு போன்ற தானியங்களை வைத்திருக்கின்றனர். மேலும் விவசாயத்தின் மகிமையை, விவசாயத்தின் அவசியத்தை எடுத்துச் சொல்லும் வகையில் தான் கோயில் திருவிழாக்களில் முளைப்பாரி எடுப்பது போன்ற சடங்குகளை ஏற்படுத்தினர். விவசாயத்தை ஒரு வேள்வியாக செய்யும் உழவர்களைப் போற்றும் விதமாகத் தான் பொங்கல் திருநாளை உழவர் திருநாளாகக் கொண்டாடுகிறோம். விவசாயத்துக்குப் பயன்படும் பசுக்களையும், காளைகளையும் கூட வழிபடும் மரபினை ஏற்படுத்தினார்கள்.

இயற்கையையும் விவசாயத்தையும் புறக்கணித்து வாழ முடியாது என்பதை உணர்ந்ததால் தான், நம்முடைய முன்னோர்கள் விவசாயத்தை இறைவனுக்கு இணையாக வைத்துப் போற்றினார்கள். அதன் பலனாக இயற்கையும் தன்னுடைய கொடையை மக்களுக்கு தாராளமாகக் கொடுத்து அவர்களை வளமாகவும் சுகமாகவும் வாழ வைத்தது.

நகரமயமாக்கல் என்ற பெயரில் விளைநிலங்கள் எல்லாம் கான்கிரீட் கட்டடங்களாக மாறி வருகின்றன. சுயநலத்தின் காரணமாக இயற்கை வளங்களை அழித்தனர். மரங்களை வெட்டி வீழ்த்தினர். இதன் காரணமாக மழை பொய்த்து விவசாயம் நலிவடையும் நிலைக்குத் தள்ளப்பட்டு இருக்கிறது. விவசாயிகள் செய்வது இன்னதென்று தெரியாமல் கையறு நிலையில் தவிக்கிறார்கள். நம் முன்னோர்கள் போற்றிய விவசாயிகளுக்கும், வேளாண் வளர்ச்சிக்கும் இன்றைய வழிபாட்டு முறையால் என்ன செய்ய முடியும் என்பதைச் சிந்திக்க வேண்டும். உலகத்துக்கே உணவளிக்கும் விவசாயி கஷ்டப்படுவதை இறைவனே விரும்ப மாட்டான்.

கோயில்களின் மூலம் கிடைக்கும் வருவாயில் பொது மக்களுக்கு அன்னதானம் செய்யும் கோயில் நிர்வாகமும் இந்து சமய அறநிலையத் துறையும், வழிபாட்டுக்கும் மக்களுக்கும் தேவையான மூலப் பொருட்களை விளைவித்துத் தரும் விவசாயிகளுக்கு கோயில் மூலம் கிடைக்கும் வருவாயில் இருந்து விவசாயிகளுக்காக ஒரு சிறப்பு திட்டத்தை உருவாக்கலாம். அரசின் வேளாண்மைத்

துறை மட்டுமல்லாமல், இந்து சமய அறநிலையத் துறையும் இது குறித்து ஓர் ஆய்வு மேற்கொண்டு திட்டங்களைத் தீட்டி நடைமுறைப்படுத்தலாம்.

விவசாயம் செழித்தால், விவசாயிகளின் குடும்பம் மட்டுமா பயன்பெறும்? ஒட்டுமொத்த உலகத்துக்கே அல்லவா உணவு கிடைக்கும்? விவசாயத்தை பயிர்த் தொழிலாக நினைக்காமல் உயிர் காக்கும் கடமையாகச் செய்யும் விவசாயிகளைப் போற்றுவோம். அவர்களின் கஷ்டங்களைத் தீர்க்கப் பாடுபடுவோம்.

இயற்கை வழி வேளாண்மை

இயற்கை வழி வேளாண்மை என்பது நமது பாரம்பரிய வேளாண்மையிலிருந்தும் பசுமைப்புரட்சி வேளாண்மை, ஆர்கானிக் வேளாண்மை, நஞ்சில்லா வேளாண்மை மற்றும் சுற்றுச்சூழல் வேளாண்மையிலிருந்தும் மாறுபட்டதாகும்.

வரலாறு

மசனோபு ஃபுயூ கூவோகா (1913-2008) தத்துவ ஞானி மற்றும் விவசாயி. 1975ல் இவர் எழுதிய ஒற்றை வைக்கோல் புரட்சி என்ற நூல் பிரசுரமாகியது. இதில் எதுவும் செய்யாதே என்று விவரிக்கிறார். ஏதும் செய்யாதே என்றால் முயற்சி எதுவும் செய்யக் கூடாது என்று அர்த்தம் அன்று. பதிலாக தொழிற்சாலையில் தயாரிக்கப்பட்ட இடுபொருட்கள் மற்றும் உபகரணங்கள் ஆகியவற்றைத் தவிர்க்க வேண்டும் என்று கூறுகிறார். இதற்கு ஃபுயூகோகா முறை என்றும் பெயர் உண்டு. இயற்கை வழி வளத்தை வளர்ப்பு வேளாண்மை, கரிம

வேளாண்மை, நீடித்த வேளாண்மை, வேளாண் காடு வளர்ப்பு, சுற்றுச்சூழல் வேளாண்மை, வாழ்முறை ஆகியவற்றுடன் மிக்கத் தொடர்புடையது. ஆனால் உயிராற்றல் உயிரோட்ட வேளாண்மையிலிருந்து வேறுபடுத்திப் பார்க்க வேண்டும்.

இந்த முறை ஒவ்வொரு சூழலிலும் ஒரு உயிரினம் சிக்கலாக இருந்து அந்த சூழ்நிலையை வடிவமைப்பதை சாதகமாக பயன்படுத்திக் கொள்கிறது. இவர் விவசாயத்தை உணவு மற்றும் ஆன்மீக (அழகு) அணுகு முறை என இரு வேளாண்மையாகப் பார்க்கிறார். சாகுபடி மற்றும் மனித முழுமை தான் தன்னுடைய இறுதி இலக்கு என்று கூறுகிறார். இந்த முறையில் வெற்றியடைய உள்ளூர் நிலைமைகளை உன்னிப்பாக கவனிக்க வேண்டும். மேலும் இயற்கை வழி விவசாயம் ஒரு மூடிய அமைப்பு. மனித உள்ளீடுகள் இல்லாமல் இயற்கையை ஒட்டி இருக்க வேண்டும். ஃப்யூகூவோகாவின் கருத்துக்கள் நவீன வேளாண்மை தொழிற்சாலைகளுக்கு ஒரு சவாலாக இருந்தது. இயற்கை வழி விவசாயம், வழக்கமான கரிம வேளாண்மை மாறுபடுவதாகவும் கரிம வேளாண்மை இயற்கையைப் பாதிப்பதாகவும் நினைக்கிறார். இவருடைய முறை நீர் மாசுபாடு தடுப்பு, பல்லுயிர் பெருக்கம் மற்றும் மண் அரித்தழிப்பு தடுப்பு ஆகிய நன்மைகளுடன் போதுமான உணவும் கிடைக்கின்றன என அடித்துரைக்கிறார்.

கொள்கைகள்

ஃப்யூகூவோகா ஐந்து கொள்கைகளை முக்கியமானதாகக் கூறுகிறார். 1. உழவு இல்லை.

2. உரமில்லை 3. பூச்சிக்கொல்லி மருந்துகள் மற்றும் களைக்கொல்லிகள் இல்லை 4. களையெடுத்தல் இல்லை 5. சீரமைப்பு இல்லை

இவர் குறிப்பிடும் பயிர்கள், தத்துவங்கள், கோட்பாடுகள் மற்றும் முறைகள் குறிப்பாக ஜப்பான் நாடு மற்றும் மித வெப்ப மண்டல மேற்கு ஷிகோகுவின் உள்ளூர் நிலைக்குத் தொடர்பு உடையவையாக இருக்கின்றன.

இயற்கை வேளாண்மை ஏன் தேவைப்படுகிறது?

நமது பண்டைய கால வேளாண்மை இலக்கியங்களாலும், வரலாறுகளாலும், கல்வெட்டுக்களாலும், அகழ்வாராய்ச்சிகளாலும் ஐயாயிரம் ஆண்டுகளுக்கும் முற்பட்டது என அறியப்படுகிறது. இந்த விவசாயத்தினால் பெருகி வரும் மக்கள் தொகைக்கு உணவு கொடுக்க முடியவில்லை. இரசாயன உரங்களாலும் பூச்சி மருந்துகளாலும் உணவுச் சங்கிலியில் நஞ்சுகளாக்கப்பட்டு அதிக அளவில் சேமிக்கப்பட்டு பல வகையான புற்றுநோய், காலநிலை மாறுபாடு, மண்ணின் வளம் குன்றுதல், சில உயிரினங்கள் முற்றிலுமாக அழிதல், இரசயான பூச்சி மருந்துகளுக்கு எதிர்ப்புத் தன்மை, சிறுபான்மை பூச்சிகள் பெரும்பான்மை பூச்சிகளாக மாறுதல், சாகுபடிச் செலவுகள் அதிகரித்தல் மற்றும் விவசாயிகளின் தற்கொலை போன்ற பாதகங்கள் ஏற்பட்டுள்ளதால் அனைவரும் நவீன இயற்கையோடு ஒன்றிய விஞ்ஞான உத்திகளைக் கொண்டு நல்ல தரமான அதிகப்படியான மகசூல்

எடுக்க வேண்டும். பொருளியல் அறிஞர் ஜே.சி. குமரப்பா காந்தியடிகளின் நண்பர். இவர் 1940களில் மரபு வேளாண்மையை இயற்கையோடு இணைத்து நவீனப்படுத்த விரும்பினார். மக்கும் உரம் தயாரித்தல், பண்ணை மேலாண்மை பணிகளைத் திட்டமிடுவது, டிராக்டர் வருகையின் ஆபத்து, ரசாயன உரங்களின் தீமை போன்றவற்றை அன்றே கண்டுபிடித்து விளக்கினார்.

இதற்கிடையில் முருகப்பா குழுமத்தில் இருந்த சேஷாத்ரி என்பவர், காய்கறிச் சாகுபடியில் இருமடி பாத்தி என்ற நுட்பத்தை ஐரோப்பிய அமைப்பு ஒன்றின் துணையுடன் பரப்பி வந்தார். புதுச்சேரி அருகில் உள்ள ஆரோவில் என்ற அமைப்பின் சார்பாகப் பல உத்திகள் கையாளப்பட்டன

முற்றிலுமாகத் தவிர்க்கப்பட வேண்டியவை

1. செயற்கை உரம்
2. செயற்கை பூச்சிக் கொல்லி மருந்துகள்
3. செயற்கை வளர்ச்சி ஊக்கிகள்
4. உயிர் எதிரி கொண்ட எச்சங்கள் (கோழி மற்றும் கால்நடை)
5. மரபணு மாற்றப்பட்ட உயிரினம்
6. மனித சாக்கடைக் கழிவுகள்

கடைபிடிக்க வேண்டியவை

1. உயிர் உரங்கள்
2. பசுந்தாள் உரம்
3. பசுந்தழை உரம்
4. மக்கிய இயற்கை உரம்

5. பஞ்சகாவ்யம் தெளித்தல்
6. பயிர் சுழற்சி
7. உயரியல் (பூச்சி, நோய் மற்றும் களை) நிர்வாகம்
8. சொட்டு நீர்ப்பாசனம்

விளைவிக்கப்பட்ட பொருட்களின் தரம்

இராசயன முறையில் விளைவிக்கப்பட்ட பொருட்களில் தரம் குறைந்த புரதச் சத்து அதிகமாக இருக்கும். தரம் குறைந்த புரதச் சத்துக்களால் புற்று நோய் ஏற்பட வாய்ப்பு உள்ளது. மாவுச்சத்து, கொழுப்பு அமிலம் போன்ற சத்துக்களின் அளவு சமமாகவும் இருக்கலாம். மற்ற சத்துக்களான சுண்ணாம்பு, உயிர் சத்துக்கள், நுண்ணூட்ட சத்துக்கள் ஆகியவை குறைவாக இருக்கும். இதனால் இரத்தக் கொதிப்பு, நீரிழிவு நோய் போன்றவை வருவதற்கான வாய்ப்பு அதிகம் என்பது அனைவருக்கும் தெரிந்ததே. ஆனால் இயற்கை முறையில் உற்பத்தி செய்யப்படும் பொருட்களில் அதிக அளவில் நுண் சத்துகள் நிரம்பி இருக்கும்.

7.
பருவ நிலை மாற்றங்கள்

செயற்கை அறிந்தக் கடைந்தும் உலகத்து

இயற்கை அறிந்து செயல்.   - குறள் 637

பருவ நிலை மாற்றம் என்பது உலகையே அச்சுறுத்தும் ஒரு பிரச்சினையாகும். இதற்கு உலகம் முழுவதும் தீர்வு காண முயலும் தருணம் உருவாகியுள்ளது. புவி வெப்ப மயமாதல் என்பதால் பூமியின் நிலவும் பருவ நிலையல் எதிர்பாராத மாற்றங்கள் உருவாகும். எடுத்துக்காட்டாக வெள்ளப்பெருக்கு, கடுமையான வறட்சி, அனல் காற்று போன்றவற்றை கூறலாம். வானுயர எழுந்து நிற்கும் அடுக்கு மாடிக் கட்டிடங்கள், இயற்கை வளங்களை அழித்தல், நீர்நிலைகளை அழித்தல், வனப்பகுதி ஆக்கிரமிப்பு, வாகனப்பெருக்கம் போன்றவையே பருவ நிலை மாற்றத்துக்கான முக்கியமான காரணிகளாகும்.

கடந்த காலத்தில் பெய்த மழையின் அளவும் குளிர் காலத்தில் 11 சதவிகிதம் அதிகமாகவும், கோடையில் 10 சதவிகிதம் குறைவாகவும் பெய்துள்ளதாக பதிவாகி உள்ளது. வரும் 2050ல் இது

115

குளிர்கால மழையளவு 20 சதவிகிதம் அதிகமாகவும் கோடையில் 40 சதவிகிதம் குறைவாகவும் வாய்ப்பு உள்ளதாக கணிக்கப்பட்டுள்ளது.

புவி வெப்பமயமாதல் காற்று மண்டலம் அதிகமான ஈரப்பதத்தைப் பெற்றுள்ளது. இதன் விளைவாக பூமியினுள்ள ஈரப்பதம் அளவுக்கு அதிகமாக உறிஞ்சப்படுவதால் பூமி வறண்டு போய் வறட்சி ஏற்பட காரணமாகிறது. இவ்வாறு ஈரம் சுமந்த மேகங்கள் மழை பெய்யத் தொடங்கும்போது, அதிகப்படியான மழையாக பொழிந்து வெள்ளப் பெருக்கு ஏற்பட்டு, நிலச்சரிவு போன்ற பேரிடர்கள் ஏற்பட வாய்ப்புள்ளது. கடலின் அடிமட்ட ஓட்டத்தில் ஏற்படும் மாற்றத்தால் பருவத்தில் பெய்ய வேண்டிய மழை பொய்த்துப் போகிறது.

கொளுத்தும் வெயில், விரட்டும் வறட்சி, தண்ணீர் பஞ்சம் இந்தக் கொடைகளை யார் தந்தார்கள்? நாம் தான் தேடிக் கொண்டோம். நம் நீர் வரத்துக்களைக் காணவில்லை. அத்தனையிலும் ஆக்கிரமிப்புகள், நம் வயல் வெளிகளை காணவில்லை. அத்தனையிலும் வீடுகள்.

எரியும் அடுப்பில் ஏற்றி வைத்த பானை நீரில் ஆமையை இட்டால், இதமான வெப்பத்தில் இருக்கும் போது ஆனந்தப்படும். அந்த இதமான வெப்பம் கொதிநிலையை அடையும் பொது ஆமை துடிதுடித்து இறந்து விடும். இப்படித்தான் நம் வாழ்க்கையும். நமக்கு இன்பமாகத் தெரிவதெல்லாம் துன்பத்தின் பாதைக்கே அழைத்துச் செல்கின்றன. கானல் நீரை கங்கை நீர் என்று நம்பி நம் வாழ்க்கைப் பயணம் தொடர்கிறது.

பசும் சோலைகளை இழந்து விட்டு பாலைவனத்தில் வாழ்ந்து கொண்டிருக்கிறோம். குறிஞ்சி, முல்லை, மருத நிலங்கள் பாலை நிலமாக மாறிவிட்டன. கண்ணிரண்டையும் விற்று, சித்திரம் வாங்கி கைகொட்டி சிரிக்கிறோம். இயற்கை நம்மை பார்த்து ஏளனமாக சிரிக்கிறது. அமுத சுரப்பிகளைத் தொலைத்து விட்டு திருவோடுகளை ஏந்திக் கொண்டு, தெருத் தெருவாகத் திரிகிறோம். இந்தக் கணத்தில், இனியொரு விதி செய்யத் தான் வேண்டும். அந்த விதி இயற்கை வளத்தைக் காப்பது!!!

புரிவோம்

நன்றி - ஆனந்த விகடன் தவத்திரு குன்னக்குடி அடிகளார்

பருவ நிலை மாறுதல் - அகில உலகையும் எவ்விதம் பாதிக்கிறது?

உலகம் வெப்ப மயமாதல், உச்சபட்ச காலநிலைகளை உணர்தல் மற்றும் பருவகால மாற்றங்கள் குறித்து உலகம் முழுவதிலும் உள்ள மனித இனம் குறிப்பாக விஞ்ஞானிகள் வியப்படைந்துள்ளனர். இது எதனால் என்பது குறித்தான தீர்வு தேடி ஆய்வு செய்து வருகின்றனர். இந்த ஆய்வுகள் இவற்றால் ஏற்படும் பாதிப்புகளைக் குறித்து மட்டுமின்றி இந்த பேரழிவு ஏற்படும் கால இடைவெளி மற்றும் இவை எவற்றுடன் தொடர்பு கொண்டுள்ளது என்பவை குறித்தும் நடைபெற்று வருகின்றன.

பல இடங்களில் பருவநிலை மாற்றம் துவங்குவதற்கு முன்பே நாம் அதனை சமாளிக்கும் திறனை இழந்து இருக்கின்றோம்.

பருவநிலை மாற்றம் என்பது உலகையே அச்சுறுத்தும் ஒரு பிரச்சினையாகும். இதற்கு உலகம் முழுவதும் தீர்வு காண முயற்சிக்கும் தருணம் உருவாகியுள்ளது. புவி வெப்பமயமாதல் என்பதால் பூமியில் நிலவும் பருநிலைகளில் எதிர்பாராத மாற்றங்கள் உருவாகும். எடுத்துக்காட்டாக வெள்ளப்பெருக்கு, கடுமையான வறட்சி, அனல் காற்று ஆகியவற்றைக் கூறலாம். வானுயர எழுந்து நிற்கும் அடுக்கு மாடிக் கட்டிடங்கள், இயற்கை வளங்கள் மற்றும் நீர் நிலைகளை அழித்தல், வனப்பகுதிகளில் ஆக்கிரமிப்பு செய்தல், தொழில்நுட்ப வளர்ச்சி, வாகனங்களின் பெருக்கம் போன்றவையே பருவநிலை மாற்றத்திற்கான முக்கியமான காரணங்களாகும்.

அமெரிக்காவில் கத்ரீனா என்ற சூறாவளி ஆகஸ்ட் 2005ல் ஏற்பட்டது. இது பருவநிலை மாற்றத்தால் ஏற்பட்ட விபரீதமாகும். ஆனால் நியூ ஜெர்ஸியில் ஏற்பட்ட இழப்புகளுக்கு பருவநிலை மாற்றத்தை மட்டுமே காரணமாக்க முடியாது. ஏனென்றால் நமது திட்டமிடல், நீர்நிலை நிர்வாகம், மற்றும் பேரிடர் நிர்வாகம் போன்றவற்றை முன்கூட்டியே திட்டமிடாமல் இருப்பது போன்றவையும் காரணமாகும்.

20ஆம் நூற்றாண்டில் உலக அளவிலான கடல் மட்டம் 20 செ. மீ. அதிகரித்துள்ளதாக

கண்டறியப்பட்டுள்ளது. தற்போதுள்ள புவி வெப்பம் தொடருமானால், இந்த நூற்றாண்டில் கடல் 1 மீட்டர் உயரக்கூடும்.

இதன் விளைவாக மாலத்தீவு மற்றும் லட்சத்தீவுகளில் பெரும் இழப்புகள் ஏற்படும். ஏற்கனவே இந்தியாவில் சுந்தர்பனிலுள்ள 50 சதுர கிலோ மீட்டர் பரப்புள்ள சாகர் தீவுகள் இன்று இல்லை. தொலைதூரப் பகுதிகளுக்கு மட்டுமல்ல, மும்பை. கோவா, கொச்சி, சென்னை, விசாகப்பட்டணம், கொல்கத்தா போன்ற நகரங்களிலேயே 20 சதவிகித மக்கள் பாதிப்படையும் வாய்ப்புள்ளது.

மேற்சொன்ன விளைவுகளுக்கு புவி வெப்பமயமாதல் காரணம் என்றால், வெப்ப மயமாதலுக்கு என்ன காரணங்கள் என ஆராய்ந்துள்ளனர்.

1. தொழிற்சாலைகள் வெளியேற்றும் கரியமில வாயு. 2. வனம் அழிப்பு 3. மீத்தேன் மற்றும் நைட்ரஸ் ஆக்சைடின் வெளிப்பாடு 4. எரிபொருட்களின் பங்கு 5. மக்கள்தொகை அதிகரிப்பு 6. வாகனங்களின் அதிகரிப்பு

1560TM: Dr. C.K. Rajan, University Cochin
நன்றி:   Spices India வெளியீடு.

சோலைவனங்கள்:

சோலை என்றாலே வனங்கள் என்றுதானே அர்த்தம். அதென்ன சோலை காடுகள்?

மலைச்சரிவிலிருந்து மேலே ஏற ஏற ஓங்கி உயர்ந்த மரங்களைப் பார்த்திருப்போம். மலை உச்சியை அடையும் போது அங்கு சமவெளிகளில் காணப்படுவது போன்ற புல்வெளியும், ஆங்காங்கே சிறு மரங்களும், புதர்களும் இருக்கும். இந்த மரங்களும், புல்வெளிகளும் தான் சோலைவனங்கள்.

இந்த சோலைவனங்கள் தான் நமது நீராதாரத்தை பூர்த்தி செய்யும் இயற்கையின் கொடை. பனிமலையில் உருவாகி வரும் நதிகள் தவிர்த்து, காவிரி, தாமிரபரணி, வைகை, பவானி போன்ற நதிகளுக்கு ஊற்றுக் கண்ணே இந்த சோலைவனங்கள் தான்.

பெய்யும் மழை நீரை ஸ்பாஞ்ச் போல உறிஞ்சி வைத்துக்கொண்டு, சொட்டு சொட்டாக வெளியேற்றும் ஆற்றல் இந்த சோலை வனங்களுக்கு உண்டு. இந்த சின்னச் சின்ன நீர்த்துளிகள் தான் ஒன்றிணைந்து சிற்றோடைகளாக மாறும். அவை அருவிகளாக சரிவுகளில் வழிந்து சமவெளியில் ஆறுகளாக பாய்கின்றன. வேறு எந்த மண் வகையைக் காட்டிலும் நீரை ஈர்த்துப் பிடித்து வைக்கும் ஆற்றல் சோலைவனங்களுக்கே உரியது.

மலைகள் மற்றும் மலையடிவாரங்களின் இதமான சூழலுக்கு இவையே காரணம். சோலைவனங்களின் அழிவு தான், மழை குறைவு, கடும் வெப்பம், பருவ நிலை மாற்றங்கள் ஆகியவற்றிற்கான தலையாய காரணம்.

- நன்றி வனம் பவுண்டேஷன்.

அங்ககப் பொருட்கள் மூலமாக வெளிப்படும் மீத்தேன் வாயுவின் அளவு அதிகரிக்கும். வடக்கு

சைபீரியன் ஏரிகளிலிருந்து ஒரு வருடத்தில் வெளிப்படும் மீத்தேன் வாயுவின் அளவு 3.8 மில்லியன் மெட்ரிக் டன்னாகும். இது முன்பை விட 63 சதவீதம் அதிகமென ஒரு ஆய்வு கூறுகிறது. மேலும் இப்பகுதியில் 500 பில்லியன் மெட்ரிக் டன் கரியமில வாயு உறைநிலையில் உள்ளதாகக் கருதப்படுகிறது. இது வெளிப்படுமானால் இதன் அளவு தற்சமயம் சுற்றுப்புறத்தில் இருப்பதைப் போல மூன்றில் இரண்டு பங்கு அதிகமாகும்.

அட்லாண்டிக் கடலில் உருகும் பனிக்கட்டிகளால் போக்குவரத்து பாதிக்கப்பட்டு புதிய வழித்தடங்களைக் கண்டறியும் நிலை ஏற்பட்டுள்ளது. இதனால் அட்லாண்டிக் மற்றும் பசிபிக் இடையேயான போக்குவரத்திற்கு தடை ஏற்பட்டுள்ளது. லண்டன் - டோக்கியோ பயணம் என்பது பனாமா அல்லது சூயஸ் வழியே செல்வதால் பல ஆயிரம் கிலோ மீட்டர் சுருக்கமானதாகும். இதனால் பல வழிகளிலும் செலவு மிச்சமாகும். ஆர்டிக் கடல் உருகி வருவதால் ஏற்பட்ட பருவ நிலை மாற்றம் காரணமாக புதிய கடல் வழித் தடங்கள் ஏற்படக் காரணமானது.

புவி வெப்பமயமாதல் காரணமாக காற்று மண்டலம் அதிகமான ஈரப்பதத்தைப் பெற்றுள்ளது. இதன் விளைவாக நிலத்திலுள்ள ஈரப்பதம் அளவிற்கும் அதிகமாக உறிஞ்சப் படுவதால் பூமி வறண்டு போய் வறட்சி ஏற்படக் காரணமாகிறது.

இவ்வாறு ஈரம் சுமந்த மேகங்கள் மழை பொழியத் தொடங்கும் போது அதிகப்படியான மழையாக மாறி வெள்ளப் பெருக்கு ஏற்பட்டு, நிலச்சரிவுகள், ஆலங்கட்டி மழை போன்றவற்றால்

சேதம் ஏற்படுகிறது. சற்றும் எதிர்பாராத மழையால் விரும்பத்தகாத விளைவுகள் உருவாகின்றன. சில இடங்களில் கடலின் அடிமட்ட ஓட்டத்தில் ஏற்படும் மாற்றம் காரணமாக பருவத்தில் வரவேண்டிய மழை பொய்த்துப் போகிறது. சமுத்திரங்களில் ஏற்படும் வெப்ப நிலை அதிகரிப்பால் கடற்கரை சார்ந்த பகுதிகளில் கடுமையான சூறாவளிக் காற்றால் பெருத்த சேதாரம் ஏற்பட்டு வருகிறது. பாலைவனங்களில் மழை பெய்கிறது. அதிகப்படியான மற்றும் இதுவரை நிகழ்ந்திராத விதங்களில் பெய்யும் மழை காரணமாக சுற்றுச் சூழலில் ஏற்படும் எதிர்பாராத மாற்றங்களை உலகம் சமீப காலங்களில் சந்தித்தவாறு உள்ளது.

சுற்றுச்சூழலில் ஏற்படும் வியத்தகு மாற்றம் காரணமாக மனித இனம் படும் துயரம் ஆப்ரிக்காவில் சம்பவித்து வருகிறது. காலநிலை மாற்றம் காரணமாக ஆப்ரிக்கா பாதிப்படைந்து வருகிறது. சமீபத்திய ஆய்வுகளின் படி சுற்றுச் சூழலில் ஏற்படும் மாற்றத்தால் இரண்டு லட்சத்திற்கும் அதிகமான மக்களுக்கு பாதிப்பு ஏற்பட வாய்ப்புள்ளதாக அறிய முடிகிறது. ஜிம்பாவேயில் 2006ல் ஏற்பட்ட வெள்ளப் பெருக்கு மிகவும் மோசமான பாதிப்பை ஏற்படுத்தியது. அதுபோலவே அல்ஜீரியாவில் ஏற்பட்ட வெள்ளப் பெருக்கால் பலத்த சேதம் உருவானது. மோராக்கோவில் ஏற்பட்ட கனமழையால் பல ஆயிரக்கணக்கான மக்கள் பாதிப்பு அடைந்ததோடு அந்த நாட்டின் கட்டமைப்பிலும் அதிகமான சேதம் ஏற்பட்டது. வழக்கத்திற்கு மாறாக மேற்கு ஆப்ரிக்காவில்

ஏற்பட்ட அதிகமான பருவ மழையால் மூன்று மில்லியன் மக்கள் பாதிப்படைந்தனர். மேற்கு கென்யாவில் 2005ல் அதிகமான தானிய விளைச்சல் இருந்த போது, கிழக்கு கென்யாவில் பஞ்சம் நிலவியது. ஆனால் அந்த தானியம் அனைத்தும் ஐரோப்பாவிற்கு ஏற்றுமதியானது. உள்நாட்டிற்குள் உதவாத நிலை இருந்தது.

இருபதாம் நூற்றாண்டில் உலக அளவிலான கடல் மட்டம் 20 செ.மீ. அதிகரித்துள்ளதாக கண்டறியப்பட்டுள்ளது. இது கடந்த 2000 ஆண்டுகளை விட பத்து மடங்கு அதிகமாகும். இப்போதுள்ள வெப்ப நிலை தொடருமானால், இந்த நூற்றாண்டின் நடுவிற்குள் கடல் மட்டம் ஒரு மீட்டர் அளவிற்கு உயரும் என்றும் எதிர்பார்க்கப்படுகிறது.

இதனைத் தொடர்ந்து தாழ்வான பகுதிகள், கடற்கரைப் பகுதிகள், மாலத்தீவு மற்றும் லட்சத்தீவு போன்ற பகுதிகளுக்கு இது இழப்பாகும். மேற்கூறப்பட்ட பகுதிகள் யாவும் கடலால் ஆக்கிரமிக்கப்படும் என்று எதிர்பார்க்கப்பட்டாலும், இந்தியாவில் ஏற்கனவே 50 சதுர கிலோ மீட்டர் பரப்பு சுந்தர்பனிலுள்ள சாகர் தீவுகள் இன்று இல்லை. இங்கிருந்த பல குடும்பங்கள் வீடுகளை இழந்து தவிக்கும் நிலை ஏற்பட்டு உள்ளது. இந்த நிலை கவனிக்கப்படாமல் தொடருமானால் வெகு விரைவில் 15 சதவீத பரப்பை கடல் விழுங்கி விடும் என்பது உறுதி. நம்மை விட்டு அகல இருக்கும் பகுதிகளுக்கு மட்டும் இந்த பாதிப்பு ஏற்பட்டிருந்தாலும் மும்பை, கோவா, கொச்சி,

சென்னை, விசாகப்பட்டினம், பூரி, கொல்கத்தா, எனப்படும் கடற்கரை சார்ந்த சுமார் 7,600 கிலோ மீட்டர் பரப்புள்ள பகுதிகளில் வாழ்ந்து வரும் 20 சதவீத மக்கள் இந்த இடர்பாட்டிலிருந்து தப்ப இயலாது.

இந்தியாவில் கடற்கரைப் பகுதிகளில் மழை வெள்ளத்தால் பாதிப்பு ஏற்படவில்லை. உப்பு நீர் தொடர்பான பிரச்சனைகளும், மண்ணரிப்பு மற்றும் கட்டுமான பாதிப்பு போன்ற சேதங்கள் மட்டுமே ஏற்பட்டுள்ளது. இது தொடர்பான ஆய்வுகளின் படி மத்திய இந்தியாவில் மழை காலங்களில் மட்டும் 30 சதவீதத்திற்கும் அதிகமான தண்ணீர் கிடைக்கின்றது. இந்த நிலையில் வெள்ளக் கட்டுப்பாடு மற்றும் மழை நீரைச் சேகரிப்பது தொடர்பான கட்டமைப்புகளை ஏற்படுத்துவது அவசியமாகும். இல்லாவிட்டால் மழை காலங்களில் அதிகப்படியான தண்ணீர் பயன்பாட்டில் இருப்பதும் அதனைத் தொடர்ந்து வறட்சியில் வாடும் நிலை ஏற்பட்டு வருகிறது. இந்தியாவிலுள்ள அணைக் கட்டுகளின் நிர்வாகம் என்பது தொடர்ந்து 30 ஆண்டுகளின் மழை அளவை வைத்து மட்டுமே அணைகளை வடிவமைத்து உள்ளனர். மற்றவர்கள் அரசியல் நோக்கில் நியமனம் பெற்ற அணைக்கட்டுகள் தொடர்பான அனுபவம் இல்லாதவர்களாக இருப்பார்கள். கேரளாவில் 2018ல் நிகழ்ந்த வெள்ளத்தால் ஏற்பட்ட சீரழிவு என்பது அணைக்கட்டுகளைக் கையாள்வதில் ஏற்பட்ட திறன் குறைவால் ஏற்பட்டது என்றே கூறலாம். இந்திய அரசு எதிர்காலத்தில் உருவாக்கப்படும்

நிலையான கட்டமைப்புகள் பருவ நிலைகளைச் சமாளிக்கும் திறன் கொண்டவைகளாக இருக்க வேண்டும் என்று தீர்மானித்துள்ளது. இதன் பொருள், எதிர்காலத்தில் விமான நிலையங்களில் மழை வெள்ளம் தேங்கக்கூடாது. கேரளாவில் 2018ல் ஏற்பட்ட வெள்ளப்பெருக்கில் கொச்சி சர்வதேச விமான நிலையத்தில் நடைபெற்ற நிகழ்ச்சிகளை நினைத்துப் பார்க்க வேண்டும். புதிய ரயில் நிலையங்கள் மழை வெள்ளத்தால் அரித்துப் போகக்கூடாது. நெடுஞ்சாலைகளில் மழைக்காலப் பள்ளங்கள் உருவாகக் கூடாது. இவற்றை சீர்படுத்தும் போது இந்தியாவில் எதிர்காலத்தில் கட்டமைப்பும் சுற்றுச்சூழலும் பாதிக்காத நிலை உருவாகும். இல்லாவிட்டால் இது போன்ற சீரழிவுகளால் இந்தியப் பொருளாதாரம் பாதிக்கப்படும். மேலும் இந்தியாவிற்கு உள்நாட்டிலும், எல்லைப் பகுதிகளிலும் ஏற்கனவே பல்வேறு பிரச்னைகள் உள்ளது.

இமாலயத்திலுள்ள தண்ணீர் வரத்திற்கு இரண்டு பிரச்னைகள் தலை தூக்கி உள்ளன. ஒன்று பனிப்பாறைகள் உருகி வருவது. இரண்டாவது மழைப் பொழிவில் ஏற்பட்டுள்ள மாற்றமாகும். சீனாவில் பனிப்பாறைகள் உருகி ஒரு மாதத்திற்கு முன்பே அங்குள்ள நீரோடைகள் நிரம்பி ஓடுகின்றன. சீனாவின் விஞ்ஞானக் குழுமத்தின் அறிக்கையின்படி 2050 ஆம் ஆண்டிற்குள் அங்குள்ள பனிப்பாறைகள் சுமார் 60 சதவீதம் மறைந்து விடும் என்பதாகும். இதனால் நேபாளம், பூடான், மற்றும் சீனாவில் பனிப்பாறைகள் உருகி வருவதால் 50 ஏரிகள்

உருவாகும் நிலை ஏற்பட்டுள்ளது. பனிப்பாறை ஏரிகள் நிரந்தரமற்றவை. அவை எந்த நிலையிலும் கரைகளை உடைத்துக் கொண்டு வெளியேறும் தன்மையானவை. இவ்வாறு உருவான புதிய ஏரிகள் காரணமாக ஏற்படும் அழுத்தத்தால் நிலநடுக்கம் ஏற்படும் வாய்ப்புகளும் உருவாகலாம். மேலும் நீர்நிலை சார்ந்த அமைப்புகளுக்கும் பாதகம் ஏற்படலாம். இந்த பகுதிகளில் பனிப்பாறைகளின் உருக்கம் நிறைவுற்றதும் அங்கு வறட்சி மற்றும் மின்சாரப் பற்றாக்குறை ஏற்படும்.

தற்போது பூமிப்பரப்பின் 10 சதவீதம் பனிப்பாறைகளால் சூழப்பட்டுள்ளது. கடந்த பனியுகத்தில் பனிப்பாறைகளின் பங்கு 32 சதவீதமும் கடலின் அளவு இப்போது இருப்பதை விட 150 மீட்டர் தாழ்வாக இருந்தது. பூமியில் உள்ள பனிப்பாறைகள் அனைத்தும் உருகி வரும் நிலையில் கடல் மட்டம் 70 மீட்டர் உயரும். கிரீன்லேண்டின் பனிப்பாறைகளில் 15 சதவீதம் மட்டும் உருகினால் போதும். ஃபுளோரிடா, வங்காளதேசம், நெதர்லேண்ட் போன்ற பகுதிகளில் பெரும்பாலான பரப்பு மூழ்கி விடும் என்பதே உண்மை. இது எதிர்காலத்தில் நடக்கவிருக்கும் நிகழ்ச்சியாகும்.

பருவநிலை மாற்றத்தால் வேளாண்துறையில் நிகழும் மாற்றங்கள்

கடந்த இருபது ஆண்டுகளில் உலக அளவில் பருவ நிலையால் ஏற்பட்டு வரும் மாற்றங்களை நாம் கவனித்து வருகிறோம். இதனால் ஏற்படும் வினைகள் உள்ளூர் மற்றும்

மண்டல அளவில் நிகழ்ந்து கொண்டுள்ளது. இந்த நிலை அதிகரித்து வளர்வதற்கு காரணம் மனித இனத்தின் செயல்பாடுகளாகும். இயற்கையில் ஏற்பட்டு வரும் விபரீதத்தை மக்களுக்குப் புரியும் விதத்தில் எடுத்துக்கூறி இந்த நிலைமையை மாற்ற முயற்சிகள் மேற்கொள்ளப்பட வேண்டும். பேராசையால் நாம் மேற்கொள்ளும் ஒவ்வொரு செயல்பாடும் இயற்கையை சீரழிப்பதில் மட்டுமே முனைப்புடன் இருக்கிறது. இதனால் வேளாண்துறை வெகுவாகப் பாதிக்கப்படும். பருவநிலை மாற்றம் காரணமாக மழை பொழிவில் குறிப்பிடத்தக்க மாற்றங்கள் ஏற்பட்டுள்ளன. மழையின் அளவும், பெய்யும் நாட்களின் எண்ணிக்கையிலும் கணிசமான அளவில் மாற்றங்கள் ஏற்பட்டுள்ளதை நாம் உணர்ந்துள்ளோம். இதற்குத் தகுந்தவாறு நாம் பயிர் செய்யும் முறை மற்றும் பருவங்களை மாற்றிக் கொள்ள வேண்டிய சூழல் ஏற்பட்டுள்ளது.

தாராளமாக மழை கிடைக்கும் மாதங்களான ஜூன் - ஜூலையில் குறைவான மழையும், குறைந்த அளவில் மழை கிடைக்க வேண்டிய மாதங்களில் அதிகமான மழையும் பெய்து வருகிறது. இதனால் தண்ணீர் தேவைப்படும் நேரத்தில் நெல் பயிர் வாடுவதும், அறுவடை செய்யும் காலங்களில் மழையால் பலத்த சேதமும் நேர்ந்து வருகிறது. மழை காலங்களில் தரும் தண்ணீரைச் சேமித்து வைக்கும் நீர் நிலைகளான கிணறு, குளம் போன்றவை தரை மட்டமாக வீட்டு மனையாக்கப்பட்டு அதிக விலைக்கு விற்பனையாகி வருகிறது. முறையாகத் தண்ணீரைச் சேமித்து

அதனைப் பயன்படுத்தும் விதம் அற்றுப் போய் விட்டது. மழைக் காலத்தில் ஏற்படும் வெள்ளப் பெருக்கைத் தொடர்ந்து நாட்டில் எங்கும் வறட்சி நிலவும் நிலை வாடிக்கையாகி விட்டது. இந்த மாறுபாடான நிலையை மாற்றியமைக்க உடனடியான தீர்வுகளைக் கண்டறிய வேண்டும். பருவநிலை மாறிவிட்டது உண்மையே. எனவே அதற்கேற்றவாறு நமது பாரம்பரியான நடைமுறைகளிலும் மாற்றத்தை உருவாக்கிக் கொள்வதும் அவசியம். தற்போது நிலவும் பருவ நிலையை நாம் பயன்படுத்திக் கொள்ள முன் வர வேண்டும். சுற்றுச் சூழலிற்கு இடையூறு ஏற்படுத்தும் மனிதர்களின் செயல்பாடுகளை தடை செய்ய வேண்டும். இதற்கான வழிமுறைகளை குறிப்பிட்ட சில பகுதிகளில் நடைமுறைப்படுத்தி அதன் நல்ல விளைவுகளை மக்கள் உணர்ந்து கொள்ளும் விதத்தில் எடுத்துரைக்க வேண்டும்.

பருவநிலை மாற்றமும் நறுமணப் பயிர் மற்றும் பணப் பயிர்களின் விவசாயமும்

பருவநிலையில் ஏற்பட்டுள்ள மாற்றத்தால் நறுமணப் பொருட்கள் மற்றும் பணப்பயிர்களில் எதிர்மறை மாற்றங்களை ஏற்படுத்தி உள்ளது. முந்திரி விவசாயத்தில் அதன் இனப்பெருக்க காலத்தில் ஏற்பட்ட பருவநிலை மாறுதல் மற்றும் இதனை விவசாயம் செய்யும் பரப்பு குறைந்து போனது போன்ற காரணங்களால் கேரளம் முந்திரி உற்பத்தியில் அதற்கிருந்த முதலிடத்தை இழக்கும் நிலை ஏற்பட்டுள்ளது. இப்போது கேரளா முந்திரி

உற்பத்தியில் ஐந்தாவது இடத்தில் உள்ளது என்று முந்திரி மற்றும் கோகோ அபிவிருத்தி இயக்குனரகத்தின் 2017-18ஆம் ஆண்டிற்கான புள்ளி விவரக் குறிப்புகள் கூறுகின்றன. இந்த நிலை மேலும் இறங்கிடலாம் என்றும் கருதப்படுகிறது. சமீப காலங்களில் பருவமழைப் பொழிவில் மாற்றம் ஏற்பட்டுள்ளது. பருவமழை காலத்தில் வறட்சியும், பருவமழை காலத்திற்குப் பிறகு கனமழையும் பெய்து வருகிறது. இதனால் அதிகப்படியான வெள்ளப் பெருக்கமும் அதனைத் தொடர்ந்து வறட்சியும் காணப்படுகிறது. தென்னை, பாக்கு, கோகோ, மிளகு, தேயிலை மற்றும் காபி போன்ற பயிர்கள் இதனால் பெரிதும் பாதிக்கப் பட்டுள்ளது. எதிர்பாராத விதத்தில் 2004ல் தண்ணீர் பற்றாக் குறையால் ஏற்பட்ட வறட்சி, 1999-2003 வரை பருவ மழை குறைந்தும் மிதமான வடகிழக்கு பருவ மழைப் பொழிவும் நீர்த்தேக்கங்களை வறண்டு போகச் செய்தது. இதனால் வயனாடு பகுதியில் மிளகு விவசாயத்தில் மிகுந்த பின்னடைவு ஏற்பட்டது. சரித்திரத்தில் முதன்முறையாக பல மிளகுத் தோட்டங்கள் அழிந்து போகவும் பல அபூர்வ ரகங்கள் இல்லாது போகும் நிலை உருவாகியுள்ளது. இந்த வறட்சி காரணமாக ஏற்பட்ட மிளகு உற்பத்தியின் குறைவால் ஏற்பட்ட இழப்பு சுமார் 1300 கோடி என்ற அறிக்கை வெளியிடப்பட்டது. தென்னை விவசாயம் இதிலிருந்து தப்பித்து இருந்தாலும் கூட பருவநிலை மாற்றம் அனைத்து பயிர் வகைகளையும் பாதித்த வண்ணம் உள்ளது.

கோகோ

பருவ நிலை மாற்றத்தால் கோகோ விவசாயத்தின் இயல்பு நிலையில் மாற்றம் ஏற்பட்டுள்ளது. கேரளத்தில் வெள்ளாணிக் கரை, திருச்சூர் போன்ற இடங்களில் மேற்கொண்ட ஆய்வுகளின்படி அதிகப்படியான வெப்பத்தைத் தொடர்ந்து வரும் கனமழை கோகோ விவசாயத்திற்கு ஏற்புடையதில்லை என்பதாகும். இதற்குத் தேவையான ஆண்டு மழையளவு 1500 முதல் 2000 மி.மீ. மாதந்தோறும் 100 மி.மீ. மழையுடன் கூடிய மூன்று மாதங்களுக்கு கூடாத வறட்சியும் கோகோவிற்குத் தேவையாகும். ஆனால் இந்த சூழலில் மாற்றமான காலநிலை உருவானதால் கோகோ உற்பத்தி பாதிக்கப்பட்டது. மழை வரத்தின் அடிப்படையில் தான் இதன் பூக்கும் பருவம் தீர்மானிக்கப்படும். பூக்கும் காலத்தில் வறட்சியும் அதனைத் தொடர்ந்து வரும் மழையும் கோகோ விவசாயத்தை நிலைகுலையச் செய்துள்ளது. இவ்வாறு பருவநிலை மாற்றத்தால் பயிர்களின் வளர்ச்சி மற்றும் உற்பத்தி போன்றவை மாற்றம் கண்டுள்ள நிலையில் இதனை சமப்படுத்தும் நுட்பங்களை வரைமுறைப்படுத்துவது கோகோ உட்படவுள்ள அனைத்து பயிர் வகைகளுக்கும் அவசியமாகும்.

மிளகு

மிளகு உலகெங்கும் பெரிதும் விரும்பப்படும் முக்கியமான நறுமணப் பொருளாகும். இதற்கு 125 முதல் 150 செ.மீ. அளவிலான பரவலான மழையும் 25 முதல் 35 டிகிரி சென்டி கிரேட் வெப்பமும் தேவைப்படும். மிளகு காலநிலைகளுக்குக் கட்டுப்பட்ட தாவரமாகும். சுற்றுச் சூழலமைப்பு

இதன் விளைச்சலைத் தீர்மானிக்கும் (Pillaiet al., 1987) பன்னியூரிலுள்ள மிளகு ஆராய்ச்சி நிலையத்தில் மேற்கொள்ளப்பட்ட ஆய்வில் கோடையில் நிலவும் வறட்சியைத் தொடர்ந்து வரும் மழை அல்லது 70 மி.மீ. அளவிலான நீர்ப்பாசனம் செய்யும் போது மிளகுக் கொடிகள் பூக்கத் தயாராகும். இந்த காலகட்டத்தில் மழை பெய்யத் தவறினால் மிளகின் மகரந்த சேர்க்கை நடைபெறும் தன்மை இல்லாமல் போவதால் மிளகு உற்பத்தி பெரிதும் பாதிக்கப்படும் (Kannan et al., 1987) ஒரு வருடத்தில் பிப்ரவரி முதல் ஏப்ரல் வரை நிலவும் வறட்சி மிளகுக் கொடி காய்க் காம்புகள் அரும்பக் காரணமாக அமைகின்றது. ஜூன் முதல் செப்டம்பர் வரை பெய்யும் மழை மிளகின் அமோகமான விளைச்சலுக்கு காரணமாகிறது.

இடுக்கி, மலபாரில் பருவநிலை மாற்றம்

கேரளத்திலுள்ள வயநாடுப் பகுதியை நெல்லின் தாயகம் என்று அழைப்பது வழக்கம். இந்த பெயர் இப்போது உருமாறிப் போனது. நெல் வயல்கள் யாவும் வாழைத் தோட்டங்களாகி விட்டன. அந்தப் பகுதியில் பிரபலமான ஆரஞ்சு இப்போது காணக் கிடைக்காத பொருளாகிப் போனது. இதற்கு முக்கியமான பருவநிலை மாற்றம் மற்றும் வனத்தை அழித்தது போன்றவையே காரணமாகும். வயநாட்டில் நிலவிய வறட்சி, பருவநிலை மாற்றம், வனம் அழிப்பு, நெல் வயல்கள் வாழைத் தோட்டங்களானது. அதிகப் படியான ரசாயன உரம் மற்றும் பூச்சி மருந்துகளின் பயன்பாடு போன்ற காரணங்களால் அதன் இயற்கை

அமைப்பே மாறிப் போனது. இங்கு வாழைத் தோட்டங்கள் உலர் நிலங்களில் தண்ணீரைத் தேக்கி வைக்கும் தன்மையை குறைத்துவிட்டது. இடுக்கி மாவட்டத்தை எடுத்துக் கொண்டால் பருவ நிலை மாற்றத்தால் ஏல விவசாயம் பெரிதும் பாதிக்கப்பட்டுள்ளது. இங்குள்ள பாம்பாடும் பாறையில் உச்சபட்ச வெப்பநிலை பதிவாகி உள்ளது. குறைவான வெப்பநிலை என்பதே இல்லாமல் போனது. டிசம்பர் முதல் மே வரை கிடைத்த மழை அளவு, தென்மேற்கு காலத்தில் நிலவிய வெப்ப நிலை, மற்றும் ஆண்டு மழையளவு போன்றவற்றைக் கணக்கிட்டுப் பார்க்கும் போது ஏலக்காய் உற்பத்தியில் 78 சதவீதம் வரை மாறுபாடு ஏற்படும் வாய்ப்புகள் உள்ளது. எனவே சாதகமற்ற காலநிலை, பருவமழை காலத்தில் எதிர்பாராத வறட்சி, அதிகமான வெப்பம் போன்றவை ஏழை விவசாயிகளுக்கு பெரும் பிரச்னையாக உள்ளது.

கேரளா மற்றும் கர்நாடக மலபார் கடற்கரைப் பகுதியில் பிரசித்தி பெற்ற மான்சூன் மலபார் காபி உற்பத்தி 2002ல் பருவநிலை மாற்றம் காரணமாக குறைந்து போனது. மேற்குக் கடற்கரைப் பகுதியில் பருவ மழை தீவிரமடைந்து இருக்கும் ஜூலை மாதத்தில் இங்குள்ள காபிக்கொட்டைகள் பதப்படுத்தப்படும். இதனால் மட்டுமே மனம் விரும்பும் மணமும், இனிமையும் அந்த காபிக்குக் கிடைக்கும். ஜூலை மாதத்தில் மழை இல்லாமல் போனதால், இதன் உற்பத்தி பாதிப்படைந்தது. அதுபோலவே தென்னை விவசாயத்திலும் தேங்காயின் அளவு குறைந்து போனது. ஆந்திரப் பிரதேசம், தமிழ்நாடு

மற்றும் கர்நாடகத்தில் தேங்காயின் வடிவம் சிறுத்துப் போனது. முந்திரியில் கொட்டைகளின் அளவு சிறிதானால் விற்பனை வாய்ப்புகள் குறைந்து போகும். எனவே அனைத்து விளை பொருட்களும் ஏதோ ஒரு விதத்தில் பருவ நிலை மாற்றம் காரணமாக பாதிப்பிற்குள்ளாகி வரும் சூழல் ஏற்பட்டுள்ளது. இதனை சமாளிப்பதற்கான மாற்று வழிமுறைகள் இப்போதைய தேவையாகியுள்ளன (GSLHV Prasad Rao, 2011)

Prof. T.V. Ramachandra (IISc Bangalore)

வெள்ளம் அல்லது வறட்சி நிலைமைக்கான காரணம் நமது சுற்றுச்சூழல் அமைப்பை தவறாக நிர்வகிப்பதற்கான அறிகுறியாகும். இப்போது எங்கள் கேள்விக்கு வருகிறது. ஆறுகள் ஏன் பருவ காலமாகின்றன?

நாம் அனைவரும் மேற்குத் தொடர்ச்சி மலையில் ஒரு படிப்பு செய்துள்ளோம். மேற்கு தொடர்ச்சி மலைகள் பொதுவாக வாட்டர் டவர் என்று அழைக்கப்படுகின்றன. ஏனெனில், மேற்குத் தொடர்ச்சி மலையிலிருந்து 100 ஆறுகள் தோன்றின. அது தீபகற்ப இந்தியாவுக்கு நீரைத் தக்க வைத்துக் கொள்கிறது. தண்ணீரின் காரணமாக நம்மிடம் உணவு இருக்கிறது. நதியால் வழங்கப்படும் பாதுகாப்பு தான் நீர் மற்றும் உணவுக்கு காரணம். அவற்றில் பெரும்பாலானவை பெரினியல் ஆகும். துரதிரஷ்டவசமாக, காரண நாட்களில் சூழ்நிலையில் வாய்ப்புகள் இருப்பதை நான் காண்கிறேன். உதாரணமாக, கேரளா கடந்த ஆண்டு நவம்பர்

2016 வறட்சியை அறிவித்தது. கேரளாவில் அதிக மழை மற்றும் அதிக மழை நாட்கள் உள்ளன. ஆனால் வறட்சியை அறிவித்தால்? இது தவறான நிர்வாகத்தை தெளிவாகக் காட்டுகிறது.

இப்போது நான் கேள்விக்கு வருகிறேன். ஆறுகள் ஏன் பருவ காலமாகின்றன?

மேற்குத் தொடர்ச்சி மலையில் உள்ள பல்வேறு நதிகளைப் பற்றிய ஆய்வுகளை நாங்கள் செய்துள்ளோம். ஸ்ட்ரீம் நீர்ப்பிடிப்பு மேலாண்மை எங்கு முக்கிய பங்கு வகிக்கிறது என்பதை நாங்கள் கண்டறிந்துள்ளோம். நீர்ப்பிடிப்பு எங்கு பூர்வீக தாவரங்களைக் கொண்டிருக்கிறதோ, அங்கு 60% பூர்வீக மசாலாப் பொருட்களும் 12 மாதங்களில் போதுமான அளவு நீரைக் கொண்டு செல்வதைக் காண்கிறோம். அதாவது அந்த நதிகள் அனைத்தும் பெரினியல் ஆகும். எவ்வாறாயினும், மக்கள் ஒரு ஒற்றை வளர்ப்புத் தோட்டத்தை மறைத்து வைத்தால் நீர்ப்பிடிப்பு. நீர்ப்பிடிப்பு பகுதி என்பது நீரோடை. நீரோடை என்பது ஒற்றைப் பண்பாட்டுத் தோட்டமாகும். இது 6 மாதங்களில் மட்டுமே நீர் திறன் ஸ்ட்ரீமிங் நோக்கம். மக்கள் நீர்ப்பிடிப்புகளை மறைக்கும் போது பூர்வீக தாவரங்களை அகற்றி மோனோ கலாச்சார தோட்டத்தை அதாவது ரப்பர், அகாசியா, காசுவாரினா அல்லது முந்திரி போன்றவற்றை நடவு செய்கிறார்கள். சுற்றியுள்ள மக்கள் 4 மாதங்களுக்கு மட்டுமே தண்ணீரை நம்பிப் பிழைக்கின்றனர். இது சோகம்.

வளர்ச்சியைப் பற்றி நாம் பேசும் போதும். வளர்ச்சி யாருக்கானது? ஒரு நபருக்கு மட்டுமே ரப்பர் நடவு செய்வதன் மூலம் பலன்கள் கிடைக்கும். மற்றவர்களுக்கு என்ன? இது வளர்ச்சியா? வளர்ச்சியில் எங்களுக்கு ஒருங்கிணைந்த அணுகுமுறைகள் தேவை.

நீரின் பருவகால நிலைக்குத் திரும்பி வருகிறோம். மழைக்காலங்களில் மட்டுமே நீரோடை நீர்ப்பிடிப்பு தரிசாக இருக்கும் இடங்களில் நாம் காணப்படுகிறோம்.

அவரது அறிவுரை: பூர்வீக தோட்டத்தின் இயற்கை அன்னையுடன் வாழும் மக்கள், அவர் தண்ணீரைக் கொடுத்து 12 மாதங்களுக்கும் தண்ணீரைத் தக்க வைத்துக்கொள்வர். நாங்கள் மோனோ கலாச்சார தோட்டமாக மாற்றும்போது, இயற்கையாகவே அது 8 மாதங்களுக்கு மட்டுமே தண்ணீரைத் தக்க வைத்துக் கொள்ளும். அடுத்த 4 மாதத்தில் தண்ணீரை இழப்போம். முக்கியமாக, தவறான நிர்வாகத்தின் காரணமாக இந்தியாவில் நீர் பற்றாக்குறை காண்பிக்கும்.

புல், புதர்கள் மற்றும் மரங்களை உள்ளடக்கிய பூர்வீக தாவரங்களை நாங்கள் எப்போதும் பராமரிப்போம். மலையடிவாரம் புற்களுடன் இருக்க வேண்டும். அதே சமயம் பள்ளத்தாக்கில் பூர்வீக தாவரங்களாக இருக்க வேண்டும். மேலும் வெள்ள பருவத்தில் பாண்டனஸ் போன்ற பூர்வீக புற்கள் அவை உயிரியளவாக்கம் செய்யும்.

தண்ணீருக்கு எவ்வாறு சிகிச்சையளிப்பது மற்றும் இயற்கையாகவே தண்ணீரை எவ்வாறு தக்க வைத்துக் கொள்வது என்பதையும் தாய் பூமிக்குத் தெரியும். ஆனால் அது நம் அனைவருக்கும் தெரியாது. நாங்கள் வளர்ச்சியில் மட்டுமே கவனம் செலுத்துகிறோம். எனவே, அடுத்த தலைமுறையினர் பணம் செலுத்தப் போவதால் அவர்களுக்கு போதுமான அளவு தண்ணீரும் கிடைக்காது. தண்ணீரின் ஒருமைப்பாடும் தொந்தரவு செய்யப்படுகிறது. அதே நேரத்தில் நாங்கள் எங்கள் குழந்தைகளை தண்ணீரில் வளர்த்து வருகிறோம்.

சுற்றுச்சூழல் அமைப்பு - உண்மையில் சுற்றுச்சூழல் அமைப்பில் சுற்றுச்சூழலில் உயிரியல். அஜியோடிக் (உயிரற்ற) கூறுகள் உள்ளன. பயோடிக்ஸ் கலவைகள் தாவரங்கள் மற்றும் விலங்கினங்கள். அஜியோடிக் கூறு என்பது உயிரற்ற சுற்றியுள்ள சூழலில் மண் மற்றும் உயிரினங்கள் ஆகும். இப்போது தாவர நிலத்தை உள்ளடக்கியது. வேரை நுண்ணுயிரிகளின் மூலம் மண்ணுடன் இணைக்கும் போது, மண் ஒரு ஊடுருவக் கூடியதாகவும், துளைகளாகவும் மாறும். மண் துளைகள் வழியாக தண்ணீரை அனுமதிக்கிறது. நாம் தாவரங்களை அகற்றும்போது மண்ணில் உள்ள நுண்ணுயிரிகளை இழப்போம். மண்ணும் கடினமானது. எனவே ஊடுருவல் இல்லை.

எனவே, வடிகட்டப்பட்ட நீரை பெறுவதற்கு மிகவும் முக்கியத்துவம் வாய்ந்த நுண்ணுயிரிகளுடன் தாவரங்களையும் மண்ணையும் நாம் பராமரிக்க வேண்டும் மற்றும் சுற்றுச்சூழலில் பயோடிக் மற்றும்

அஜியோடிக சேர்மங்களை பராமரிக்க வேண்டும். நாம் மாற்றத்தை நோக்கி நகரும் போது வெள்ளம் மற்றும் வறட்சியை எதிர்கொள்வோம்.

கடந்த ஆண்டு 279 மாவட்டங்கள் வறட்சியின் கீழ் இருந்தன. கடந்த 4 ஆண்டுகளாக கர்நாடகா வறட்சியை வெற்றிகரமாக எதிர்கொண்டுள்ளது. இது பயோடிக் மற்றும் அஜியோடிக்ஸின் கூறுகளை நிர்வகிப்பது உண்மையான வழியில் இயங்கவில்லை என்பதற்கான அறிகுறியாகும். எனவே, நமது சுற்றுச்சூழல் அமைப்பை நாம் பராமரிக்க வேண்டும்.

உயிரியல் ஒருமைப்பாடு - சுற்றுச்சூழல் அமைப்பின் உடல் மற்றும் வேதியியல் ஒருமைப்பாட்டை சார்ந்துள்ளது உயிரியல் ஒருமைப்பாடு. நாம் அதை நிர்வகிக்கும் போது வளங்களின் நிலையான மற்றும் நிலைத் தன்மையை மட்டுமே நாம் கொண்டிருக்க வேண்டும். அந்த வளர்ச்சி நிலையான வளர்ச்சி என்று அழைக்கப்படுகிறது. நம் தலைமுறையிலிருந்து நம் குழந்தைகளுக்கான இயற்கை வளங்களைத் தக்க வைத்துக் கொள்வது அன்றைய தேவை. நாம் அந்த திசையில் செல்ல வேண்டும். ஒரு சிந்தனை என்னவென்றால் அது நகர்ப்புறமாக இருந்தாலும் கிராமப்புறமாக இருந்தாலும் நாம் திட்டமிடல் செய்ய வேண்டும். உதாரணமாக, பெங்களூர் இரண்டு பெரிய பிரச்னைகளை எதிர்கொள்கிறது.

அது, 1. ஒரேநேரத்தில் நீர் நெருக்கடி 2. வெள்ளம் இரண்டு நிகழ்ச்சிகளும், இது பொறுப்பற்ற நகர

மயமாக்கல் ஆகும். கடந்த 4 தசாப்தங்களில் நகரத்தில் நடக்கும் நகர மயமாக்கலைப் பார்க்கும்போது, 1005% கான்கிரீட் பரப்பளவு அதிகரித்து வருகிறது. மேலும் 18% தாவரங்களை இழந்து விட்டோம். மேலும் 79% நீர்நிலைகளையும் இழந்தோம்.

பெங்களூரில் 45% மக்கள் அன்றாட நீர் தேவைக்கு நிலத்தடி நீரைச் சார்ந்துள்ளனர். 60% நீர் மட்டுமே காவேரியிலிருந்து வருகிறது. தற்போது காவேரியில் தண்ணீர் பற்றாக்குறையும் உள்ளது.

பெங்களூர், நிலத்தடி நீர் அட்டவணை கீழே போகிறது. இதற்கு இரண்டு காரணங்கள். 1. நாங்கள் நிலத்தடி நீரை அதிகரிக்க செய்யவில்லை. இப்போது, நீரின் ஆழம் அகலமாகவும் ஆழமாகவும் போகிறது. நாங்கள் எந்த இடத்தையும் கான்கிரீட் செய்யக்கூடாது. பெங்களூரில் நாங்கள் என்ன செய்கிறோம்? பெங்களூர் இறக்கப் போகிறது. உண்மையில் எனது கட்டுரைகளில் ஒன்று பெங்களூர் விரும்பத்தகாததாக மாறும் என்றார். இது சுற்றுச்சூழல் அமைப்பின் தவறான நிர்வாகமாகும்.

நகரத்தில் உள்ள ஏரிகள், நிலத்தடி நீர் அட்டவணையை பராமரிப்பதில் முக்கிய பங்கு வகித்தது. 740 சதுர கி.மீ. பரப்பளவில் 800 நகரங்களில் 1452 நீர்நிலைகள் இருந்தன. ஏரி அமைப்பை ஒன்றிணைக்க பெங்களூர் நிலப்பரப்பு அனுமதிக்கிறது. இது நிலத்தடி நீர் அட்டவணையை பராமரிக்க உதவுகிறது. ஆனால், இன்று எங்களிடம்

192 நீர்நிலைகள் மட்டுமே உள்ளன. இப்போது ஆய்வுகள் கூறுகின்றன. ஏரிகள் எங்கிருந்தாலும் சுமார் 100-150 அடி உயரத்தில் தண்ணீரைப் பெற்றுக் கொண்டோம். இன்று அதே பிராந்தியத்தில் நாம் 800 அடிக்கு கீழே செல்ல வேண்டும். நாம் எங்கு ஏரியை அகற்றினாலும் நிலத்தடி நீரின் தீவிர நகர மயமாக்கல் 1400-1500 அடி. தண்ணீரில் அதிக அளவு பூச்சி மருந்து தடயம் இருப்பதைக் கண்டோம். இது மக்களின் ஆரோக்கியத்தில் முக்கிய தாக்கத்தை ஏற்படுத்தும். அவர் அரசியல் பற்றி கூறுகிறார்.

தாவர வகை: தாவரங்கள் ஆற்றில் இருந்து தொடங்கப் படவில்லை. நதியை மட்டும் நாங்கள் நினைக்கவில்லை. நீரோடைகளைப் பற்றி நாம் சிந்திக்க வேண்டும். 1வது வரிசை ஸ்ட்ரீம் 2வது வரிசையில் சேர வேண்டும். அதன் மூன்றாவது வரிசையை உருவாக்குகிறது. நதி நான்காவது வரிசை நீரோடை. அவை பச்சை நிற உறை என்பதைக் காணவும். 1வது நீரோட்டத்தில் தாவர அட்டைகளை வைக்கவும் முயற்சிக்கிறோம். 1வது வரிசையில் இருந்து ஆற்றுக்குச் செல்லும்போது, ஆற்றின் நீக்கம் குறித்து நாம் கவனம் செலுத்த வேண்டும். மதிப்பீட்டின் படி மண்ணின் படி நாம் பூர்வீக இனங்கள் நடவு செய்ய வேண்டும். தாவரங்கள் என்பது மரங்கள் மட்டுமல்ல. நாம் புல்லைப் பற்றியும் சிந்திக்க வேண்டும். விலங்குக்கு புதர்கள் தேவை பறவைகள் இனப்பெருக்கம் செய்யும் பக்கங்களில் புதர்கள் தேவை. நாம் சுற்றுச்சூழல் அமைப்பை பராமரிக்க வேண்டும்.

எனவே, நாங்கள் திட்டத்தை செய்துள்ளோம். நிரல் செருகும் சாதனமாக இருக்க வேண்டும். விவசாயிகள் இடையக மண்டலத்தில் அமர்ந்திருக்கிறார்கள். நீங்கள் நெறிமுறையுடன் வெளியே வர வேண்டும். விவசாயிகள் வாழ்வாதாரத்தைப் பெறக் கூடிய அதே நேரத்தில் திட்டத்தில் பங்கேற்கிறார்கள். விவசாயிகளை வாழ்வாதாரமாக ஆக்குகிறோம். அது முடிந்தால் நிரல் வெற்றிகரமாக முடியும்.

அதே நேரத்தில் நாம் இந்திய அரசுக்கு இந்த செய்தியைப் பெற செய்ய வேண்டும். இந்தியாவில் மலைக் காடுகளிலும், சமவெளிகளிலும் இயற்கையான நாட்டு மரங்கள் காணாமல் போய் அந்த இடத்தை 'இறக்குமதி' செய்யப்பட்ட வெளிநாட்டு மரங்கள் ஆக்கிரமித்துக் கொண்டுள்ளன.

உலக சுகாதார நிறுவனத்தால், 7000 மரங்களின் தாய்வீடு என்று கூறப்பட்ட நீலகிரி மலையில், ஆயிரக்கணக்கான பூர்வீக மரங்களைக் காணவில்லை. இது தான் பருவமழைக் குறைபாட்டிற்கான காரணம் என்கிறார்கள் புவியியல் அறிஞர்கள். வறண்ட ஆறுகளும், காய்ந்து போன நஞ்சையும் இதன் கண் கண்ட உதாரணங்கள்.

8.
காந்தி கண்ட கிராம ராஜ்யம்

கிராம சுயராஜ்யம் என்ற நூலில் கிராம சுதந்திரத்தைப் பற்றி மகாத்மா குறிப்பிடுகிறார். 1. சுய ராஜ்யத்தை ஸ்தாபிப்பதென்பதே நம் கிராமங்களுக்கு சேவை செய்வது தான். மற்றதெல்லாம் வீண் வேலை.

"ஒரு லட்சிய கிராமம் நூற்றுக்கு நூறு சுகாதாரம் உள்ளதாக இருக்கும். போதுமான வெளிச்சமும், காற்றோட்டமும் உள்ள முறையில், ஐந்து மைல் சுற்றளவுக்குள் கிடைக்கும் பொருள்களைக் கொண்டு அங்கு வீடுகள் கட்டப்பட்டிருக்கும். அந்த வீட்டுக்காரர் தன்னுடைய சொந்த உபயோகத்துக்காக காய்கறிகள் பயிரிட்டுக் கொள்ளவும், தங்களது கால்நடைகளைக் கட்டுவதற்கும் ஏற்ற முறையில் அங்கு முற்றம் இருக்கும். கிராமத் தெருக்களிலும், சந்துகளிலும் முடிந்த அளவு தூசி இல்லாமல் பார்த்துக் கொள்ளப்படும். அந்தந்த கிராமத்தின் தேவைக்கு ஏற்ற அளவு அங்கு கிணறுகள் இருக்கும். இந்த கிணறுகளில் எல்லோரும் தண்ணீர் எடுக்கலாம். எல்லோரும் வழிபடக்கூடிய ஆலயங்கள், ஒரு பொது மந்தை, கால்நடை மேய்வதற்கான பொது இடம், கூட்டுறவு பால் பண்ணை, தொழிற்கல்வியை

141

மையமாக கொண்ட ஆரம்ப, உயர்நிலைப் பள்ளிகள் இருக்கும். சண்டை சச்சரவுகள், தீர்த்து வைக்க அங்கு பஞ்சாயத்து இருக்கும். தனக்கு வேண்டிய தானியங்கள், காய்கறிகள், பழங்கள், கதர் ஆகியவற்றை உற்பத்தி செய்து கொள்ளும் ஒரு மாதிரி கிராமத்தை பற்றிய என் கருத்து இதுதான்."

கிராமங்களில் சுகாதாரமே முக்கியமான பிரச்சினை. சுகாதார கேடே உடல் நலத்தை பாதித்து, நோய்களுக்கு காரணமாகிறது என்பது மகாத்மாவின் ஆணித் தரமான கருத்து.

தற்காலத்தில் கூட மராட்டிய மாநிலத்தில் ஒரு கிராம பஞ்சாயத்துத் தலைவர் இதை நிரூபித்து உள்ளார். ஹிவாரி பஜார் என்ற கிராமத்தில் பொப்பட்ராவ் பாவர் என்ற பஞ்சாயத்து தலைவர், காந்தி சொன்னதை மெய்ப்பித்து உள்ளார். இவரை பாராட்டிய மராட்டிய மாநில அரசு அந்த கிராமத்தை முன்மாதிரி கிராமமாக அறிவித்து உள்ளது.

நீர்நிலைகளை பராமரித்ததன் பேரில் நோய்களை தடுத்துக் காட்டினார். மராட்டிய அரசு இதை முன் மாதிரியாக எடுத்து, மாநிலத்தையே இப்படி மாற்ற ஒரு திட்டத்தை அறிவித்துள்ளது. அதை செயல்படுத்தும் இடத்தில் இவரை நியமித்துள்ளது. இந்த ஆண்டு இவருக்கு பத்ம ஸ்ரீ விருது வழங்கி, மத்திய அரசு கௌரவித்துள்ளது.

நுகர்வு கலாசாரத்தை பற்றி மகாத்மா இப்படி குறிப்பிடுகிறார். நமக்கு மூன்று வேளையும் உணவு வேண்டும். உணவு இருந்தால் தான் உயிர் இருக்கும். ஆகவே விவசாயிகள் தான் நம் உயிரை

காப்பாற்றக் கூடியவர்கள். நம்மை எழுந்து நிற்க வைக்கக்கூடிய அந்த விவசாயிகளே எழுந்து நிற்க முடியாமல் விழுந்து கிடப்பார்களானால் அது தேசத்தின் மிகப்பெரிய துயரமாகும்.

சுதந்திரம் அடைந்து 70 ஆண்டுகளுக்கு பின்னரும் கூட இந்தியாவில் கடந்த 10 ஆண்டுகளில் மட்டும் தாங்கள் வாங்கிய கடனை திருப்பி செலுத்த முடியாமல் தற்கொலை செய்த கொண்ட விவசாயிகளின் எண்ணிக்கை 3 லட்சம் என்பது எவ்வளவு வெட்கக் கேடான விஷயம்! விவசாயமான ஜீவாதாரத் தொழில் வீழ்ந்து கிடக்கிறது என முதலில் முதலில் கண்டறிந்தவர் காந்திஜி தான்.

மதுரைக்கு பக்கத்தில் ஒரு கிராமத்தில் விவசாயி, இடுப்பில் கட்டியிருக்கிற வேட்டியோடு மட்டுமே வேலை செய்து கொண்டிருப்பதை பார்த்த காந்தி, தனது தலைப்பில் கட்டியிருந்த முண்டாசை கழற்றி எறிந்தார். அந்த ஏழை விவசாயி போலவே இனி சாகும் வரை இடுப்பு வேட்டியோடு மட்டுமே வாழ்வேன் என்று உறுதி கொண்டார்.

அது மட்டுமல்ல, இந்தியா எங்கே என்ற கேள்விக்கு, அது கிராமங்களில் வாழ்ந்து கொண்டிருக்கிறது என்றார். அவரது கணிப்புப்படி வருடத்தில் 365 நாட்களில் 120 நாட்களுக்கு மட்டுமே அவர்களுக்கு விவசாய வேலை செய்ய முடிகிறது. அதனால் வறுமையில் வாடுகிறார்கள் என எண்ணித்தான் கதர், மற்றும் கிராமப்புற தொழிற்சாலைகள் வர வேண்டும் என்றார்.

நமது தேசத்திலுள்ள விவசாய குடும்பங்கள் 14 கோடி குடும்பத்துக்கு 5 பேர் என்றால் விவசாயிகள் 70 கோடி இந்த 14 கோடி விவசாய குடும்பங்களின் சராசரி சொத்து 5 ஏக்கர் மட்டுமே.

காந்தியடிகள் நுகர்வுக்குரிய இடத்தை மறுக்கவோ, மறக்கவோ இல்லை. 'பசிக்கின்றவனுக்கு முன்னால் இறைவன் ரொட்டித் துண்டின் உருவத்தில் தான் காட்சியளிக்க முடியும்" என்று கூறுவதிலிருந்தே, மனிதனின் பொருட் தேவையை அவர் உணர்ந்திருந்ததை நாம் தெரிந்து கொள்ளலாம்.

மனிதனின் வளர்ச்சிக்கு துணை செய்கின்ற வகையில் பொருட்களின் நுகர்வு அமைய வேண்டும். பொருட்களை நுகர்வதற்காகவே மனிதன் வாழக்கூடாது. நுகரும் பொருட்கள் மனிதனின் தேவையை ஒட்டி அமைய வேண்டும்.

மேற்கத்தியப் பொருளாதாரச் சிந்தனையாளர்கள் நுகர்வுக்கு ஓர் அளவு (கட்டுப்பாடு) இருக்க வேண்டுமென்று எண்ணவில்லை. மாறாக, நுகர்வுப் பெருக்கத்தை வலியுறுத்துகின்றனர். அவர்களது ஆய்வுப்படி, நுகர்வின் அளவு கூடக் கூட, பொருட்களின் தேவை கூடும். தேவையின் வளர்ச்சி, உற்பத்திப் பெருக்கத்திற்கு வழிகோலும். உற்பத்தி மிகுகின்ற பொழுது நாட்டின் செல்வமும் மக்களின் வருவாயும் வாழ்க்கைத் தரமும் உயரும்.

மக்களின் வாழ்க்கைத் தரத்தை அவர்கள் நுகர்கின்ற பொருட்களின் அளவு நிர்ணயிப்பதாகக் கருதுகின்றனர். ஆதலால் தேவைப் பொருட்களைப்

பயன்படுத்துவதோடு கூட வசதிப் பொருட்களையும் ஆடம்பரப் பொருட்களையும் மேலும் மேலும் பயன்படுத்த பயன்படுத்த - புறவாழ்க்கை வசதியாக அமைய அமைய - வாழ்க்கைத் தரம் உயர்வதாக எண்ணுகின்றனர். இந்தச் சிந்தனைப் போக்கில், மக்களின் அகவாழ்வை - வாழ்க்கையின் நோக்கங்களையும், மதிப்பீடுகளையும் ஒட்டி அமைகின்ற "வாழ்வியல் தரத்தை" பற்றிய எண்ணத்திற்கு இடமில்லை.

காந்தியடிகள் வாழ்வியல் தரத்தின் அடிப்படையில் தான் மக்களின் வாழ்க்கைத் தரத்தை நோக்குகின்றார். மனிதனின் முயற்சிகளும், செயல்களும் அவனை உயர்த்துவதாக இருக்க வேண்டும். மனிதனைத் தெய்வமாக்க வேண்டுமென்பது சமயத்தின் குறிக்கோள். மனிதனை மிருகமாக மாற்றுகின்ற எதையும் காந்தியடிகள் ஏற்றுக் கொள்ளத் தயாராயில்லை.

"உயர்ந்த சிந்தனையும் எளிய வாழ்க்கையும் அவர் போற்றிய வாழ்க்கை முறையாகும். அளவு கடந்த பொருட்களின் நுகர்வு மனிதனைப் போகியாக மாற்றுகின்றது. நுகர் நுகர மேலும் நுகர வேண்டுமென்ற ஆசையே வளர்கின்றது. "போதுமென்ற மனம் " இல்லாத போது வாழ்க்கையில் அமைதி இருப்பதில்லை.

இன்றைய போலி நாகரீகம் நுகர்வின் அளவில் அடங்கியிருக்கின்றது. காந்தியடிகள், "நாகரீகம் என்பது அதன் உண்மையான பொருளில், தேவைகளைப் பெருக்குவதில் அல்ல, நாமே

எண்ணிப் பார்த்து விரும்பி தேவைகளைக் குறைப்பதில் இருக்கின்றது" என்று கூறுகின்றார்.

தேவைகளைக் குறைத்துக் கொள்கின்ற - எளிமையான - வாழ்க்கையைக் காந்தியடிகள் வலியுறுத்துவதற்கு பல காரணங்கள் இருக்கின்றன.

முதலாவதாக, பொருட்களின் தேவைகளைப் பெருக்கிக் கொண்டு செல்கின்ற மனிதன் அவனது ஆன்மாவை மறந்து விடுகின்றான். காலப்போக்கில் இழந்து விடுகின்றான். உடலைப் பற்றிய கவலை அவனைக் குறுகிய தன்னல வட்டத்திற்குள் சுழலச் செய்கின்றது.

இரண்டாவதாக, நுகர்வை பெருக்கிக் கொண்டே செல்கின்ற மனிதன் அந்த அளவிற்குத் தனது வருவாயையும் பெருக்க முயல்கின்றான். சரியான வழியில் வருவாயை உயர்த்த இயலாத பொழுது அறத்திற்கு புறம்பான வழியிலும் வருவாயைத் தேட முயல்கின்றான். வழிமுறையைப் பற்றிக் கவலைப்படாத மனநிலை வளர்கின்றது. சமுதாயத்தினால் லஞ்சம், கலப்படம் போன்ற சீர்கேடுகளுக்கு இத்தகைய மனப்போக்கு காரணமாயிருக்கின்றது.

மூன்றாவதாக, மக்களிடமுள்ள ஏற்றத் தாழ்வு வெளிப்படுவது நுகர்வில் தான். போட்டியும் பொறாமையும் வெறுப்பும் வளர சிலரது பகட்டான வாழ்க்கை காரணமாக இருக்கின்றது. மக்கள், இருப்பவர் - இல்லாதவர் என்ற பிளவு பட நுகர்வு காரணமாகிறது.

நான்காவதாக, நுகர்வில் கட்டுப்பாடு இல்லாத பொழுது தேவைக்கு மேலேயே சேமித்து வைக்கின்ற போக்கு வளர்கின்றது. காந்தியடிகள் "ஒவ்வொருவரும் நமக்குத் தேவையானவற்றை மட்டுமே வைத்துக் கொள்வதென்றிருந்தால் எவரும் இல்லாமை காரணமாக வருந்த மாட்டார்கள். எல்லோரும் இன்புற்றிருப்பார்கள்" என்றும், 'நாம் ஒரு வகையில் திருடர்களே என்று சொல்லுவேன். எனக்கு இப்பொழுது தேவையில்லாத ஒன்றை நான் வைத்துக் கொள்ளுவேனாயின் அதை நான் இன்னொருவரிடமிருந்து திருடிக் கொண்டேனென்றே ஆகும்" - எண்ணிப் பார்க்கத் தக்கன.

இன்றைய பொருளாதாரத்தில் நுகர்வோர் நாம் குறைந்த விலை கொடுத்து மிகுதியான பயன்பாட்டைப் பெற முயல்கின்றார் என்ற கருத்தின் அடிப்படையில் கோட்பாடுகளை உருவாக்குகின்றனர். நுகர்பவர் தன்னையும் தனக்கு கிடைக்கும் பயன்பாட்டையும் பற்றிக் கருதினால் மட்டும் போதாது. நுகர்வின் விளைவுகளையும் பற்றிய உணர்வு வேண்டுமென்ற காந்தியப் பொருளாதாரம் கூறுகின்றனது.

டாக்டர். ஜே.சி.குமரப்பா நுகர்வோருக்கு ஒரு தலையாய கடமை உண்டென்பதை வலியுறுத்துகின்றார். ஒரு பொருளுக்கு விலையாக நாம் கொடுக்கின்ற பணம் யாருக்கு செல்கின்றது என்ற தெளிவு வேண்டும். ஏனென்றால் நுகர்வுக்கும் சமுதாய அமைப்பிற்கும் நெருங்கிய தொடர்பு இருக்கின்றது.

எடுத்துக்காட்டாக, கதருக்கு ஒருவன் கொடுக்கின்ற பணத்தில் பெரும்பகுதி ஏழைத் தொழிலாளிகளுக்குச் செல்கின்றது. ஆலைத் துணிக்கு கொடுக்கின்ற பணத்தில் பெரும்பங்கு முதலாளிக்குப் போகின்றது.

நுகர்வோர்களிடம் சமுதாய உணர்வு வேண்டும். எல்லோருக்கும் தாராளமாகக் கிடைக்கின்ற பொருட்களையே பயன்படுத்துவதென மக்கள் முடிவு செய்து விட்டால் 'கறுப்பு சந்தை" தோன்ற வழி இருக்காது. இதனை சட்டத்தின் மூலம் செயல்படுத்த இயலாது. ஆனால் இத்தகைய ஒரு சுய கட்டுப்பாடு இல்லாமல் சமநிலைச் சமுதாயத்தை அமைக்க இயலாது.

இப்பொழுது நுகர்வைப் பெருக்கப் பல வழிகளில் மக்களைத் தூண்டுகின்றனர். தவணை முறையில் பொருட்களை விற்கின்றனர். மக்கள் தங்களது வருங்கால வருவாயை இன்றைய நலத்திற்காக செலவிடுகின்றனர். இதனால் அவர்களது எதிர்காலச் சந்ததியின் நல்வாழ்வு பாதிக்கப்படுவதைப் பற்றி அவர்கள் எண்ணிப் பார்ப்பதில்லை. "மனித மனம் அமைதியற்ற பறவை போன்றது. மிகுதியாக கிடைத்தால் மேலும் மிகுதியாக கேட்கின்றது. இன்னும் அது நிறைவு பெறாமல் இருக்கின்றது" என்று காந்தியடிகள் கூறுகின்றார்.

எதையும் பயன்படுத்துவது நுகர்வாகாது. மனித நலனுக்கு தக்கவற்றை மட்டும் பயன்படுத்துவதுதான் அறிவுடைய நுகர்வாக இருக்க முடியும். மது, புகையிலை போன்று மனித நலனுக்கு கேடு

விளைவிக்கின்றவற்றை சமுதாயமாகவே புறக்கணிக்கின்ற வளர்ச்சி ஏற்பட வேண்டும். அப்பொழுது தான் நுகர்வின் அளவு கூடுவதற்கேற்ப மக்களின் நலமும் கூடிக் கொண்டே வரும்.

சமுதாயத்தில் சிலருக்கு மட்டும் வேண்டியன எல்லாம் வேண்டிய அளவில் கிடைப்பதும், வேறு பலர் வறுமையில் வாடுவதும் சமுதாய வளர்ச்சிக்கு ஏற்றதல்ல. இப்போது நமது நாட்டில் சிலரின் தேவைக்காக வெளிநாட்டிலிருந்து மிக விலையுயர்ந்த பொருட்களை இறக்குமதி செய்கின்றன நிலை இருக்கின்றது. இத்தகைய நுகர்வுகளை தடுத்து நிறுத்துவது தேவையாகும்.

எல்லா மக்களின் நுகர்வுக்கும் இன்றியமையாத பொருட்கள் கிடைத்த பிறகுதான் வசதிப் பொருட்களைப் பற்றியே எண்ண வேண்டும். எல்லா மக்களின் அடிப்படைத் தேவைகளையும் நிறைவு செய்கின்ற பொறுப்பைச் சமுதாயம் ஏற்க வேண்டும். நுகர்வை முழுக்கச் சட்டத்தின் மூலமாக நெறிப்படுத்த முடியாது. மக்களிடம் அற - சமுதாய உணர்வுகள் வளர்ப்பதன் மூலமாகத் தான் இதனைச் செய்ய முடியும்.

நன்றி:- காந்தியப் பொருளாதாரம் திரு. டாக்டர். மா.பா. குருசாமி காந்தி இலக்கிய சங்கம் வெளியீடு

1.

காந்தி கண்ட கிராம ராஜ்யம்:

இந்த இன்றைய அறிவியல் அறிஞர்களுக்கும், இனிய தலைமுறையினருக்கும் பத்தாம்

பசலித்தனமான கருத்து இதுவென நினைப்பர். ஆனால், 1960-65 களில் இந்தியாவெங்கும் இருந்த கிராமங்களை பார்ப்போம்.

(அனைத்தும் உத்தேசமாக)

1. **கிராம உழவர்கள்**- 200 பேர்
2. விவசாய கூலித்தொழிலாளர்கள்- 150 பேர் (ஆண் + பெண்கள்)
3. இறவைப்பாசன உபகரணங்கள் செய்பவர்கள் - 125 பேர் உபகரணங்கள் செய்பவர்கள்
4. மாடுகளுக்கு லாடம் அடிப்பவர்- **25 பேர்**
5. **மண்பாணை செய்வோர்**- 25 பேர்
6. நீர்நிலைகளை பராமரிப்பவர்- 10 பேர்
7. சலவைத் தொழிலாளர்கள் -10 பேர்
8. முடி திருத்துவோர்- 10 பேர்
9. மரம் ஏறுவோர்- 15 பேர்
10. கிணறு வெட்டுபவர்கள் (ஆண் மற்றும் பெண்) - 25 பேர்

கிராமத்துக்கு அருகில் கூடும் சந்தைகளில் விவசாய விளைபொருட்களை விற்க முடியும். தங்களுக்கு தேவையானவற்றை வாங்க முடியும். ஆடு, மாடுகள், விவசாய உபகரணங்கள் ஆகியன வாங்க முடியும்.

200 பேர் கொண்ட கிராமத்தில் கிட்டத்தட்ட 350 பேர் அவர்களை சார்ந்து வாழ முடியும் என்பது தான் தற்சார்பு பொருளாதாரம். நவீனத்தின் வளர்ச்சி அனைத்தையும் அழித்து விட்டது.

இந்த 350 பேரும் வேலை தேடி நகரத்துக்கு இடம் பெயர்ந்ததால் இட நெருக்கடி சுகாதாரக்கேடு, வறுமை, ஒழுங்கீனங்கள் என திண்டாடுகிறோம். இன்று கிராமத்தில் விளையும் தக்காளி வாடகை வண்டியில் அருகில் உள்ள நகர மார்க்கெட்டிற்கு எடுத்து செல்லப்பட்டு மொத்த, சில்லறை வியாபாரிகளின் கைமாறி பிறகு வேறொரு வாடகை வண்டியில் அதே கிராமத்து மளிகை கடைக்கு வந்து 20 ரூபாய்க்கு விற்கப்படும். அவலம், விவசாயிக்கு ரூ.3 தான் கிடைக்கும்.

9.
காவிரி கூக்குரல், நதிகளை மீட்போம், சத்குருவின் பார்வையில்

நதிகளை மீட்க, காவிரியை காக்க அண்டை மாநிலங்களோடு போராடுவோமா! சட்ட ரீதியான நமது உரிமைகள் மீட்க நாம் முயலும்போது உணர்வு ரீதியாக நம் சகோதரர்களை விட்டு விலகி விடுவோம்!

இந்த பங்காளி சண்டைகளை விட்டுவிட்டு நம்மை காத்துக் கொள்ள முடியாதா? முடியும் என்கிறார் சத்குரு. நதிப்படுகைகளில் 87% சதவிகிதம் இருந்த காடுகளை 13% சதவீதமாக ஆக்கி விட்டோமே!! மீண்டும் ஒரு 'வனப்புரட்சி" வரட்டும். 13 ஐ 80 ஆக்குவோம். காவிரி என்ன, வைகையும், தாமிரபரணியும், நொய்யலும் பவானியும் கொஞ்சி விளையாடுமே!

காவிரித் தாய் என்கிறோம். ஆனால் அந்த தாயை சீரழித்து, மொட்டை போட்டு விதவைக் கோலத்தில் பார்க்கவா நாம் பிறவி எடுத்தோம்.

ஒவ்வொரு மனிதனும் ஒரு மரத்தை நதிப் படுகையில் நட்டு 10 ஆண்டுகள் பராமரித்தால், 10 ஆண்டுகளில் அந்த தாய் பூரிப்போடு தம் மக்களை அனைத்து சீராட்ட வருவாளே!

3.5 கோடி மரங்களை வடி நிலங்களில் நட்டு வளர்த்து விட்டால், 21 டிரில்லியன் காலன் மழை தண்ணீரை (காவிரியின் மொத்த நீரின் அளவு) சேமித்து வருடம் பூராவும் வெளியேற்ற முடியும். - சத்குரு.

நதிகள் மீட்பு இயக்கம் என்றால் என்ன?

நதிகள் மீட்பு இயக்கம் என்பது, இந்தியாவின் உயிர்நாடிகளைக் காப்பதற்கான ஒரு இயக்கம். வேகமாக வற்றி வரும் இந்திய நதிகளுக்கு புத்துயிரூட்டும் நோக்கத்தில், செப்டம்பர் 3ஆம் தேதியன்று சத்குரு இவ்வியக்கத்தை துவக்கி வைத்து, மக்கள் மத்தியில் இது குறித்த விழிப்புணர்வை ஏற்படுத்த 16 மாநிலங்கள் வழியாக 9300 கி.மீ. பயணம் செய்தார்.

180க்கும் மேற்பட்ட பொது நிகழ்ச்சிகளில் ஆயிரக்கணக்கான மக்களை ஈர்த்து பொதுமக்களின் ஆதரவைப் பெற்று வரலாறு காணாத மாபெரும் மக்கள் விழிப்புணர்வு இயக்கமாக இது மாறியது. 16.2 கோடி மக்களின் ஆதரவுடன், இன்று உலகிலேயே மிகப்பெரிய சுற்றுச்சூழல் இயக்கமாக விளங்குகிறது.

இந்திய நதிகளைக் காக்க ஒரு விரிவான தீர்வை நதிகள் மீட்பு இயக்கம் வழங்குகிறது.

இது சுற்றுச்சூழல் திட்டமாக இருந்தாலும், குறிப்பிடத்தக்க பொருளாதார பலன்கள் தருவதால், அதன் அமைப்பில் தனித்துவமானது.

விழிப்புணர்வு உருவாக்கும். பயணத்தின் நிறைவாக, 2017 அக்டோபர் 2ம் தேதி, "இந்திய நதிகளின் புத்துணர்வு" க்கான கொள்கை வரைவுத் திட்ட பரிந்துரைகளை மாண்புமிகு பிரதமர் நரேந்திர மோடி அவர்களிடம் சத்குரு ஒப்படைத்தார்.

விரிவான ஆய்வுகள், மற்றும் களத்தில் இறங்கி செயல்படுவது மூலம் வேகமான தீர்வுக்கான பரிந்துரைகளை செயல்படுத்துவதில் நதிகள் மீட்பு இயக்கம் தற்போது பல்வேறு மாநிலங்களில் கவனம் செலுத்தி வருகிறது.

கடுமையான வறட்சியில் இருந்து தமிழகத்தை விவசாயிகள் காக்க முடியும்.

இன்றைய பதிவில் சத்குரு அவர்கள் இந்தியாவின் தண்ணீர் ஆதாரம் பருவமழை தானே தவிர்த்து நதிகள் அல்ல என்பதை விவரிக்கிறார். பருவமழையால் கிடைக்கும் தண்ணீர், அதைப் பிடித்து வைக்கும் மரம் செடிகள் இல்லாமல் ஓடி மறைகிறது. இப்பிரச்சினைக்கு வேளாண் காடு வளர்ப்பு தான் நிலையான தீர்வாக இருக்கும். ஏனெனில் இது சுற்றுச் சூழலுக்கும் ஏற்றது. பொருளாதாரத்திற்கும் இலாபகரமானது.

சத்குரு: கடந்த சில வருடங்களாக முற்றிலும் எதிரெதிரான இரு பிரச்னைகளை தமிழகம் சந்தித்து வருகிறது. டிசம்பர் 2015ல் மாபெரும் அளவிலான

வெள்ளப் பிரச்னையை இம்மாநிலம் சந்தித்தது. இப்பொது கடந்த சில மாதங்களாகவே சென்னை மாநகரம் தண்ணீர் பற்றாக்குறை பிரச்னையில் துவண்டு கொண்டிருக்கிறது. இப்போதுதான் என்றல்ல, வெள்ளம் நடந்து முடிந்த ஒரு ஆண்டிற்குள், அதாவது 2016லேயே தமிழகம் வறட்சியை எதிர்கொண்டது.

ஒருமுறை வெள்ளம், அடுத்த முறையோ கடும் வறட்சி, தண்ணீரை நிர்வகிக்க நாம் போதுமான கவனம் செலுத்தவில்லை என்பதற்கு இதுவொன்றே போதுமான சாட்சி. தண்ணீர் என்பது நாம் கவனமாக நிர்வகிக்க வேண்டிய ஒரு இயற்கை வளம் என்றாலும், தண்ணீர் இல்லாமல் போகும் போது மட்டும் தான் நாம் அது பற்றி சிந்திக்கிறோம். சரியாக நிர்வகிக்கவில்லை என்றால் எந்த இயற்கை வளமும் நமக்கு நிரந்தரமாக கிடைத்துக் கொண்டிருக்காது.

நதிகள் நடக்க வேண்டும், ஓடக்கூடாது.

நதிகளும், ஏரிகளும், கிணறுகளும் தண்ணீருக்கு ஆதாரம் என்று பலரும் நினைக்கிறார்கள். அவை தண்ணீருக்கான ஆதாரமல்ல. அவை தண்ணீர் சென்று சேருமிடம். நம் நாட்டில் தண்ணீருக்கான ஒரேவொரு ஆதாரம் தான் உள்ளது. அதுதான் பருவ மழை. பனி உருகி நமக்குக் கிடைக்கும் தண்ணீர் என்பது வெறும் 4% தான். மீதமிருக்கும் 96% நீர், 50-60 நாட்களுக்குப் பெய்யும் பருவ மழையின் மூலம் நமக்குக் கிடைப்பது! இந்த நீரை பிடித்து வைத்து தான் நாம் 365 நாட்கள் செலவிட வேண்டும்.

தண்ணீரைப் பிடித்து வைக்க நாம் கடைபிடித்து வரும் செயற்கை முறைகள் நெடுங்கால தீர்வாகாது. இதற்கு ஒரே நிரந்தர தீர்வு. நிலத்தில் இருக்கும் மரங்களின் எண்ணிக்கையை அதிகரிப்பதுதான்.

தற்சமயம் இந்த நீரை அணைகள் வாயிலாக பிடித்து வைக்க முனைகிறோம். ஆனால், அது வேலை செய்யவில்லை. நாம் கட்டியிருக்கும் அணைகளில் கிட்டத்தட்ட 20 சதவிகிதம் மண் படிந்து உபயோகமற்றுப் போய்க் கொண்டிருக்கிறது. மரம் செடிகள் மற்றும் விலங்குகளின் வாயிலாகக் கிடைக்கும் உயிர்மப் பொருட்கள் போதுமான அளவிற்கு நம் மண்ணில் கலந்தால், மண்ணின் தண்ணீர் ஈர்க்கும் திறன் அதிகரிக்கும். இதன் மூலம் மண் ஈர்க்கும் நீர் சிறிது சிறிதாக மண்ணிற்குள் ஊறிச் சென்று, நிலத்தடி நீராகவும், நதியில் ஓடும் நீராகவும் ஆகிறது.

அதனால் நதி என்பது தண்ணீருக்கான மூலம் அல்ல. அது தண்ணீர் சேருமிடம். இந்த தண்ணீர் எவ்வளவு மெதுவாக நதியில் சென்று கலக்கிறது என்பது தான் வருடத்தின் எத்தனை நாட்கள் அந்நதியில் நீர் ஓடும் என்பதை தீர்மானிக்கிறது. இப்போது போதுமான அளவிற்கு மரங்கள் இல்லாததால், இம் மழைநீர் மிக வேகமாக நதியில் கலந்து வெள்ளமாக மாறுகிறது.

தமிழில் காவேரி பற்றி மிக அழகாக ஒரு வரி உள்ளது. "நடந்தாய் வாழி காவேரி" என்று காவேரி நடந்து வந்தால் தான் செல்வச் செழிப்பு தருவாள். அவள் வேகமாக ஓடி வந்தால், பேரழிவு தான்

நிகழும். காவேரி நடந்து வர வேண்டுமெனில், அந்த வடிநிலத்தில் போதுமான மரங்கள் இருக்க வேண்டும். வடிநிலம் என்றால் அந்த நதி பிறக்கும் இடத்தினருகே இருக்கும் பள்ளத்தாக்கு மட்டுமல்ல வெப்பம் அதிகமாக இருக்கும் இடங்களில் இருக்கும் ஒவ்வொரு சதுர அடி நிலமும் வடிநிலம் தான். எங்கெல்லாம் மரம் இருக்கின்றனவோ, அங்கெல்லாம் நீர் மண்ணுக்குள் ஊடுருவிச் செல்கிறது. மரம் இல்லாத இடங்களில் நீர் பெருக்கெடுத்து ஓடி காணாமற் போகிறது. தற்காலிக சீர்திருத்தத்தில் இருந்து நீடித்து நிலைக்கும் தீர்வு நோக்கி.

ஓரிடத்தில் 10,000 மரங்கள் இருந்தால், அங்கு 3.8 கோடி லிட்டர் தண்ணீர் மண்ணை ஊடுருவிச் செல்லுமாம். காவேரியின் வடிநிலப் பகுதி என்பது 83,000 சதுர கி.மீ. பரப்பளவில் உள்ளது. இதில் 87% நிலத்தில் மரப்போர்வையை நாம் அகற்றி இருக்கிறோம். அப்படியெனில், எத்தனை லிட்டர் தண்ணீரை நாம் இழந்து கொண்டிருக்கிறோம் என்று கற்பனை செய்து பாருங்கள்! தண்ணீர் பற்றாக்குறை என்பது வெயில் காலத்தில் மட்டும் சிந்திக்கும் விஷயமல்ல. மழைக்காலம் முடியும் போது எவ்வளவு தண்ணீர் வேகமாக ஓடி காணாமற் போகிறது என்பதை சற்று கவனியுங்கள். அப்போதே நாம் சுதாரித்துக் கொண்டிருக்க வேண்டும். ஆனால் துரதிரஷ்டவசமாக குடிப்பதற்கு நீர் இல்லாமல் போகும் சமயத்தில் தான் நாம் விழித்துக் கொள்கிறோம்.

70 லட்சம் மக்கள் இருக்கும் ஒரு நகரத்திற்கு வெறும் இரண்டு ஏரிகளை மட்டும் நீர் ஆதாரமாகக் கொண்டிருப்பது நிலையான தீர்வாக இருக்காது. உதாரணமாக சென்னையையே எடுத்துக் கொள்ளுங்களேன். ஒரு காலத்தில் சென்னையில் 1500 ஏரிகளும் குளங்களும் இருந்தனவாம். இப்போது அவற்றில் எதுவுமே தென்படுவதில்லை. ஏனெனில், இயற்கையான நீரின் ஓட்டத்தைப் புரிந்து கொள்ளாமல் பொறுப்பற்ற விதமாக இந்நகரத்தை நாம் உருவாக்கி இருக்கிறோம்.

இப்போது பிரச்னையில் தவிக்கும் நேரத்தில் மட்டும் உடனடியாக பலன் தரும் தற்காலிக தீர்வு என்ன என்று சீர்திருத்தப் பணிகளில் ஈடுபடுகிறோம். ஆங்காங்கே பலரும் ஏரிகள், குளங்களை தூர் வாருவது ஆழப்படுத்துவது பற்றி பேசுவதை பார்க்க முடியும். தமிழ்நாட்டில் மட்டும் தான் இப்படி என்றில்லை. எல்லா இடத்திலும் இப்படித் தான் நடக்கிறது.

இதையெல்லாம் செய்ய வேண்டும் தான். ஆனால், அடிப்படைகளை சரிசெய்யாவிட்டால் இந்த செயல்கள் நீண்ட காலம் பலன் தராது. முன்காலத்தில் ஏரி, குளம் என்ற ஒன்று அமைத்தால், வருடம் முழுவதும் அதற்கு தண்ணீர் கொண்டு வந்து சேர்க்கும் வடிகால்களும் சேர்த்தேதான் அமைக்கப்பட்டன. ஆனால் இப்போதோ, அந்த வடிகால்களின் மீது நாம் வீடுகளும் கட்டிடங்களும் அமைத்து விட்டோம். இப்படி தண்ணீர் கொண்டு வரும் பாதைகளை அகற்றிவிடாமல் ஏரிகளையும்

குளங்களையும் தூர்வாரி ஆழப்படுத்துவது அந்தளவிற்கு பயன் தராது.

மழைக்காலத்தில் அதில் நீர் சேரலாம். ஆனால் வருடம் முழுவதும் அதில் நீர் நிறைந்திருக்காது.

70 லட்சம் மக்கள் இருக்கும் ஒரு நகரத்திற்கு வெறும் இரண்டு ஏரிகளை மட்டும் நீர் ஆதாரமாகக் கொண்டிருப்பது நிலையான தீர்வாக இருக்காது. இந்நகரத்தில் நிலத்தடி நீர் உயர வேண்டும். அது நடக்க வேண்டுமெனில், மழை பெய்யும் பொழுது மழை நீர் மண்ணை ஊடுருவி கீழே செல்ல வேண்டும். இப்பிரச்னைக்கு வேறு தீர்வே கிடையாது. குறுகிய கால தீர்வாக வெள்ள நீரோட்டத்தை ஆங்காங்கே தடுக்கும் தற்காலிக அணைகளைக் கட்டி, நிலப்பரப்பின் ஏற்ற இறக்கங்களை பயன்படுத்தி நீர் மெதுவாக நிலத்தை ஊடுருவி கீழே செல்ல வழி செய்யலாம். ஆனால் மரம் செடி வகைகளை வளரச் செய்வது தான் இதற்கு சரியான தீர்வு. நாட்டு ரக புல், புதர், மரங்கள் ஆகியவை நிலப்பரப்பை நிறைக்க வேண்டும். இப்போது இது தான் அவசியம்.

வேளாண் காடு வளர்ப்பு - நாம் முன்னேற வேண்டிய வழி

அப்படியென்றால் எல்லா இடத்திலும் நாம் காடு வளர்க்க வேண்டுமா? இது நிச்சயம் சாத்தியமில்லை. நாம் செல்ல வேண்டிய பாதை, வேளாண்காடு வளர்ப்பு. நம் விவசாயிகளை இயற்கை முறையிலான பழ மரம் வளர்ப்புக்கு மாற்றினால், மரங்கள் மற்றும்

விலங்குகளிடம் இருந்து கிடைக்கும் உயிர்மச் சத்து தொடர்ந்து நம் மண்ணை வளமாக்கும்.

மரம் சார்ந்த விவசாயத்திற்கு மாறினால் அது நம் மண்ணிற்கும் நதிகளுக்கும் புத்துயிரூட்டுவதோடு விவசாயியின் வருமானத்தையும் 3 to 8 பங்கு அதிகரிக்கும். மரம் சார்ந்த விவசாயத்தில் அதிகளவு வருமானம் கிடைக்கும் என்பதற்கு சான்றாக, பெரிய அளவில் முன் மாதிரிகளை நாம் செயல்படுத்திக் காட்ட வேண்டும். அப்படி செய்தாலே நம் நாட்டில் இருக்கும் விவசாயிகள் தாமாகவே மரம் சார்ந்த விவசாயத்திற்கு மாறுவர்.

அதனால் தான் "காவேரி கூக்குரல்" எனும் இயக்கத்தை துவக்க உள்ளோம். இதன் மூலம் காவேரி நதிக்கு புத்துயிரூட்டும் செயல்கள் மேற்கொள்ளப்படும். வற்றிவரும் ஒரு நதியை மீண்டும் அதன் பழைய பொழிவிற்கு மாற்றுவது சாத்தியம் தான் என்றும், 10-12 ஆண்டுகளில் அந்த நதி பெருமளவில் புத்துயிர் பெறுவதோடு விவசாயிகளின் வருமானமும் அதிகரிக்க முடியும் என்பதையும் நாம் உலகிற்கு காட்ட விரும்புகிறோம். இதில் மற்றுமொரு முக்கியமான விஷயம், சுற்றுச்சூழலும் பொருளாதாரமும் ஒன்றுக்கொன்று எதிரானது அல்ல. சுற்றுச்சூழலை மேம்படுத்த மேற்கொள்ளப்படும் செயல்கள் நில உரிமையாளருக்கு இலாபத்தையும் அள்ளிக் கொடுக்கும். இது நடைமுறைக்கு வர வேண்டும் என்பதற்குத் தான் இம்முயற்சி. மண்ணின் அவலநிலை நமக்கு என்ன உணர்த்துகிறது?

சுற்றுச்சூழலியல் என்பது நாளை நாம் எதிர்கொள்ள வேண்டிய பிரச்சனை என்று நினைக்கும் தவறை செய்ய வேண்டாம் என்று சத்குரு நமக்கு அறிவுறுத்துகிறார். நமது இயற்கை சூழலின் தரம் தான் நம் வாழ்வின் தரத்தை தீர்மானிக்கிறது என்கிறார்.

சத்குரு: முன்பெல்லாம் உலகெங்கிலும் உள்ள மக்கள், தங்களின் ஓய்வு நேரங்களில் வானிலையைப் பற்றி பேசிக் கொள்வார்கள். ஆனால், இன்றோ யாரும் வானிலையை பற்றி பேசிக்கொள்வதில்லை. நீங்கள் எங்கு சென்றாலும், உங்கள் பாட்டியானாலும் சரி பேரக்குழந்தைகளானாலும் சரி, அனைவருமே பொருளாதாரத்தை பற்றி மட்டுமே பேசுகிறார்கள். அது எல்லோருடைய உரையாடல்களிலும் முக்கிய கருவாக மாறி விட்டது.

சத்தான உணவு, சுத்தமான தண்ணீர் மற்றும் தூய்மையான காற்று இவற்றினால்தான் நம் வாழ்க்கை மிக அழகாக உள்ளது.

பொருளாதாரம் என்பது நமது உயிர் வாழ்வின் மிக சிக்கலான பதிப்பாகும். சாதாரணமாக உயிர் வாழ்வது என்பது சாப்பிடுவது, தூங்குவது, இனப்பெருக்கம் செய்வது ஒரு நாள் இறப்பது என்பதாகும். ஆனால், இப்போது இதுதான் சிக்கலானதாக உள்ளது. நான் இதற்கு எதிரானவன் அல்ல. ஆனால் இன்றைய சமுதாயம், பொருளாதாரத்தை இன்றைய பிரச்னையாகவும், சுற்றுச்சூழலை நாளைய

பிரச்சனையாக நினைக்கிறார்கள். இந்த எண்ணம் மாற வேண்டும்.

சுற்றுச்சூழல் தான் இன்றைய பிரச்னை மற்றும் கவலை, பங்குச் சந்தையின் ஏற்ற இறக்கங்கள் அல்லது ஒரு குறிப்பிட்ட சமுதாயத்திலோ அல்லது தேசத்திலோ நடக்கும் வளர்ச்சி புள்ளிகளின் சதவீதத்தின் காரணமாக நம் வாழ்க்கை அற்புதமாக இல்லை. சத்தான உணவு, சுத்தமான தண்ணீர் மற்றும் தூய்மையான காற்று இவற்றினால் தான் நம் வாழ்க்கை மிக அழகாக உள்ளது. இதை மக்கள் மறந்து விடுகிறார்கள்.

எல்லாவற்றிலும் விஷம்

இன்று, நாம் சாப்பிடும் உணவு ரசாயனங்கள் நிறைந்ததாக உள்ளது. நாம் குடிக்கும் தண்ணீர், சுவாசிக்கும் காற்று கூட விஷமாக உள்ளது. தொழில்நுட்பம் காரணமாக பத்து பதினைந்து ஆண்டுகளில் காற்று தூய்மைப்படுத்தப்படும் என்று நான் நம்புகிறேன். அந்த திசையில் ஒரு முழு இயக்கம் நடக்கிறது. ஆனால் மண் மற்றும் தண்ணீர் பெரிய பிரச்னையாகவே உள்ளது.

மண்ணில் இருந்துதான் உயிர் உருவாகிறது. எது மண்ணோ அது உணவாக மாறுகிறது. எது உணவாக உள்ளதோ அது ரத்தம் சதையாக மாறுகிறது. இது உங்களுக்கு புரியவில்லை என்றால், ஒரு நாள் நீங்கள் புதைக்கப்படும் போது இதை புரிந்து கொள்வீர்கள். பெரும்பாலான மக்கள் அதை தாமதமாக உணருவார்கள். ஆனால்

அனைவரும் ஒரு சமயத்தில் உணரப் போவது மட்டும் நிச்சயம்.

துரதிரஷ்டவசமாக மண் சூழலியல் அடிப்படையில் மிகவும் புறக்கணிக்கப்படுகிறது. இந்த கிரகத்தில் உள்ள மண்ணிற்கு நாம் ஏற்படுத்திய தீங்குகள் மிக அதிகம். மற்ற விஷயங்களான பனிப்பாறை உருகுதல் போன்றவை நாம் பார்க்கும் படியாக உள்ளது. ஆனால், நாம் இந்த மண்ணிற்கு இளைக்கும் தீங்கு மிக அபாயகரமானது.

ஊட்டச்சத்தில் வீழ்ச்சி

கடந்த இருபத்தி ஐந்து ஆண்டுகளில் இந்தியாவில் விளைவிக்கப்படும் காய்கறி மற்றும் பயிர்களின் ஊட்டச்சத்தின் அளவு முப்பது சதவிகிதம் குறைந்து விட்டது. இதனால் தான், மக்கள் எதை சாப்பிட்டாலும் அவர்களின் உடல் கூறு முழு வளர்ச்சி அடைவதில்லை.

நீங்கள் இறைச்சி சாப்பிடவில்லை என்றால், போதிய அளவு ஊட்டச்சத்து உங்களுக்கு கிடைக்காது என்று மருத்துவர்கள் கூறுகிறார்கள். ஒரு வழியில் அவர்கள் சொல்வதில் தவறில்லை. சைவ உணவு வகைகளில் ஊட்டச்சத்து இல்லாததற்கு காரணம் அவை வளர்க்கப்படும் விதத்தில் தான். அவர்கள் தாவரங்களை ஏதோவொரு வகையில் உருவாக்கி, அதை உணவு என்று உங்களுக்கு விற்கிறார்கள். அது உணவல்ல. வெறும் குப்பை. மண்ணின் தரம் வியத்தகு முறையில் குறைந்து விட்டதால் இப்படி நடக்கிறது.

மண்ணை வளமாக வைத்திருக்க உரமும், ட்ராக்டரும் மட்டும் போதாது. நிலத்தில் உங்களுக்கு கால்நடைகள் வேண்டும்.

தண்ணீரையும் மண்ணின் ஊட்டச்சத்துகளையும் எடுத்துக் கொண்டு இருக்கிறோம். எதையும் திருப்பி தருவதில்லை. எனவே நீர்வளமும் மண் வளமும் முற்றிலும் சேதமடைந்துள்ளன.

நகர்ப்புற குழந்தைகளை கேட்டால் தண்ணீர் எங்கிருந்து வருகிறது என்றால் குழாயில் என்பார்கள்! காய்கறிகள் எங்கிருந்து வருகிறது என்றால் சூப்பர் மார்க்கெட்டிலிருந்து என்பார்கள்!! இந்த அளவு அவர்கள் இயற்கையை விட்டு வெகு தொலைவு வந்து விட்டார்கள். இயற்கையை விட்டு அவர்களை துண்டித்து விட்டோம்.

மோடியை போல, சத்குருவை போல, சிறு வெளிச்சம் தெரிகிறது. ஆனால் நாளை இந்த உலகை, இயற்கையை காப்பாற்றப் போகும் இளைஞர்கள், குழந்தைகள் எங்கே? அவர்களையும் இந்தப் பயணத்தில் அழைத்து செல்ல வேண்டுமல்லவோ!

தொலைக்காட்சிகளும், சமூக ஊடகங்களும், விஸ்தாரமான வீடுகள், அழகான உள்கட்டமைப்பு, வசதியான சோபாக்கள், பெரிய சமையல் அறையும், பெரிய கார்களும் தான் நல்ல வசதியான வாழ்க்கையின் அடையாளம் எனக் கூறி நம் மூளையை சலவை செய்கின்றன.

ஆனால் சத்தான உணவு, சுத்தமான தண்ணீர், தூய்மையான காற்று இவை தான் வசதியான, அழகான வாழ்க்கைக்கு அடையாளம் என யாரும் பேசுவதில்லை. பொருளாதாரத்தை முன்னிருத்தி, சுற்றுச்சூழலை பின்தள்ளி வாழ்கிறோம்.

இது எவ்வளவு பெரிய அபத்தம் என்பது வெந்நீருக்குள் போட்ட ஆமை போல நமக்கும் பின்நாளில் சூடாகும் போது தான் உணர்வோம்.

இந்தியா என்றதும் மேற்கத்திய நாகரீக நாடுகளின் எண்ணத்தில் தோன்றுவது இது தான். ஆன்மீக தேசம், சாமியார்கள், பாம்பாட்டிகள் நிறைந்துள்ள நாடு. மூட நம்பிக்கைகளும், மந்திர தந்திரங்களும் மிகுந்த தேசம் என்பன போன்ற எண்ணங்களே.

முதன் முறையாக ஒரு தாடி வைத்த சாமியார், பருவ நிலை மாற்றங்கள், சுற்றுச்சூழல் பாதிப்பு, துருவ பனிப்பாறைகள் உருகுதல், கடல் நீர் மட்டம் உயருதல் என சயின்ஸ் பேசும் போது அவர்களின் புருவங்கள் உயர்கின்றன!

உலக நாடுகளின் பார்வையில் இந்தியாவின் அறிவுப் பூர்வமான ஆலோசனைகளை மேலை நாடுகள் கேட்கும் நிலைக்கு உயர்த்தியதில் சத்குருவின் பங்கு முக்கியமானது.

1950களில் உணவுக்காக பல நாடுகளின் தயவை நாடிய நாடு. 1970-80 களில் பொருளாதார சிக்கலில் தவித்த நாடு. இன்று உலகுக்கே வழிகாட்டுகிறது.

வலிமையான அரசு, எல்லாத் துறைகளிலும் முன்னேற்றம், நிலவுக்கே பயணம் மேற்கொள்ளும் மேல் தட்டு நாடுகளோடு போட்டியிடும் திறமை, உலகமே நடுநடுங்கிய கொரோனோவை மிக எளிதில் கையாண்ட லாவகம் என உலக நாடுகளின் வியந்த பார்வை!

பாரதியின் கனவு தேசம், வையத் தலைமை கொள்கிற நாள் வெகு தொலைவில் இல்லை!!

10.
உணவு தானிய இறக்குமதியும் பசுமை புரட்சியும்

பசுமைப் புரட்சியும் இருநூறு ஆண்டுகளாக அவ்வப்போது இந்தியாவில் தோன்றும் வறட்சியும், பஞ்சமும், பட்டினி சாவுகளும் ஆள்வோரை திகைக்க வைத்த செய்திகள்.

இதற்கான தீர்வு உணவு இறக்குமதியல்ல, உள்நாட்டு உற்பத்தி தான். அதற்கு ஒரே வழி பசுமைப் புரட்சி என தீர்மானித்தார் பிரதமர் சாஸ்திரி.

அதன் விளைவாக இந்தியா உணவு உற்பத்தியில் தன்னிறைவு பெற்றதும் இன்று ஏற்றுமதி செய்யும் நிலைக்கு முன்னேறியதும் வரலாறு.

ஆனால் பசுமைப் புரட்சிக்கு நாம் கொடுத்த விலை அதிகம். மலடான விவசாய பூமிகள், நஞ்சூட்டப்பட்ட உணவுப் பொருட்கள், காய்கறிகள், பழங்கள். மக்களின் உடல் நலம் பாதிக்கப்பட்டதுடன் நீரழிவு, புற்றுநோய் போன்ற நோய்கள். விவசாயிகள் கடனாளி ஆகி திண்டாடி வருகின்றனர். மீதமுள்ள நமது உணவுப் பொருட்களை (நஞ்சுள்ள

167

பொருட்களை) ஏற்றுமதி செய்ய முடியாத நிலை. அதனால் விளைவிப்போருக்கு உரிய விலை கிடைக்கவில்லை.

ஆங்கிலேய ஆட்சியின் ஆரம்பத்தில் இருந்து சுதந்திரம் அடையும் வரை ஏதாவது ஒரு மாகாணத்தில் பஞ்சத்தினால் நூற்றுக்கணக்கான மக்கள் செத்துக் கொண்டிருந்தார்கள். இது ஒரு வழக்கமான நிகழ்ச்சி ஆகிவிட்டதால், பஞ்சம் வந்தால் என்ன செய்ய வேண்டும் என்று ஒரு வழிகாட்ட நெறிமுறை ஏற்படுத்தப்பட்டு விட்டது.

பரிதாபத்திலும் பரிதாபம் என்னவென்றால், அப்போது தேவைக்கு வேண்டிய உணவுப் பொருட்கள் நாட்டில் இருந்தன. ஆனால் அவற்றை நாட்டின் மற்ற பகுதிகளுக்கும் வங்க மாகாணத்துக்கும் அனுப்பத் தேவையான போக்குவரத்து வசதிகளை போர் நடக்கும் இடங்களுக்கு அனுப்பப் பயன்படுத்திக் கொண்டிருந்தனர். மிச்சம் இருந்த வசதிகளை உபயோகப்படுத்த அரசு மெத்தனம் காட்டியது. அப்படியே போய்ச் சேர்ந்தாலும் உணவுப் பொருட்களை வாங்க மக்களிடம் பணம் இல்லை.

சுதந்திரத்துக்கு பின்னும் இந்தியாவின் பல பாகங்கள் பஞ்சத்தால் பாதிக்கப்பட்டன. ஆனால், அதன் நிவாரணப் பணிகள் துரிதமாக மேற்கொள்ளப்பட்டு, கூடுமானவரை சாவுகள் தவிர்க்கப்பட்டன. அப்போதெல்லாம் உணவு உற்பத்தியில் இந்தியா பின்தங்கி இருந்தது. சுதந்திரத்தின் போது நாட்டின் மொத்த உணவு உற்பத்தி வெறும் 5 கோடி டன் மட்டுமே.

ஒவ்வொரு ஆண்டும் அமெரிக்கா நமக்கு வேண்டிய தானியங்களை கப்பலில் அனுப்பி இருக்காவிட்டால் நம்மால் சமாளித்து இருக்க முடியாது.

அமெரிக்காவின் உணவு உதவியை பாராட்டும் அதே சமயத்தில், உணவை அரசியல் லாபத்துக்காக அமெரிக்கா பயன்படுத்த முயன்றது. வியட்நாம் போரை சாஸ்திரி விமர்சனம் செய்தார் என்பதற்காக அமெரிக்கா ஜனாதிபதி கப்பல்களை நிறுத்தி வைத்தார்.

இந்த சம்பவத்தால் கோபமுற்ற சாஸ்திரி வரலாற்று திருப்பமான முடிவை எடுத்தார்.

நேருவின் மறைவிற்கு பின் சாஸ்திரி பிரதமர் ஆனார். அவரது மந்திரி சபையில் சி.சுப்பிரமணியம் உணவு மற்றும் விவசாயத் துறை அமைச்சர் ஆனார்.

உணவுப் பஞ்சம் ஒரு பக்கம், பாகிஸ்தானுடன் போர் ஒரு பக்கம். இந்த நெருக்கடியிலிருந்து மீள 1 கோடி டன் உணவு தானியங்களை இறக்குமதி செய்ய வேண்டியிருந்தது. கடுமையான பஞ்சத்தை எதிர்கொள்வதா அல்லது இறக்குமதி செய்வதா என்பதில் முடிவு எடுக்க வேண்டிய கட்டாயம் அரசுக்கு!

1965ம் ஆண்டு நவம்பரில் ரோமில் கு. யு.மு. மகாநாடு நடந்தது. அதில் ரோம் ஒப்பந்தம் 1965 உருவாகியது.

இதை நடைமுறைப்படுத்த அமெரிக்க ஜனாதிபதி ஜான்சனுடன் பேச்சு வார்த்தை நடந்தது. அவரும்

1 கோடி டன் உணவு தானியம் கொடுக்க ஒப்புக் கொண்டார். வியட்நாம் போர் பற்றியும் பேசப்பட்டது

அமெரிக்க உணவு தானியங்கள் வந்து இறங்கின. ஆயினும் அரசுக்கு இறக்குமதியில் திருப்தி இல்லை. இதனை இடைக்காலத் தீர்வாக மட்டுமே அரசு கருதியது.

சி.சுப்பிரமணியம் நடத்திக் காட்டிய பசுமைப் புரட்சி இந்திய வரலாற்றின் ஒரு மைல் கல் ஆகும். சுப்பிரமணியன், சுவாமிநாதன், சிவராமன் ஆகியோரின் பங்கு முக்கியம் வாய்ந்தது.

சி.எஸ். அமைச்சராக இருந்த போது வேளாண்மைத் துறையில் செயலர், சிவராமன். சுவாமிநாதன் இந்திய வேளாண் ஆய்வு கழகத்தில் துணை இயக்குநர். அவர்களுக்கெல்லாம் ஊக்கமும், உற்சாகமும் உதவியும் கொடுத்து, கொள்கைகள் வகுத்ததிலும் நிதி அமைச்சகத்துடனும் திட்டக் கமிஷனுடனும் போராடி மெக்ஸிகோவில் இருந்து 16,000 டன் வீரிய விதைகளை இறக்குமதி செய்ய வழி செய்ததிலும், புதிய கோணங்களில் ஆலோசனை வழங்கி செயல்பட்டதிலும் சி.எஸ்ஸின் பங்கு அதிகமாக இருந்தது. அந்நிய செலாவணிக்கு பற்றாக்குறை இருந்த காலத்தில், பல்லாயிரக்கணக்கான டாலர்களை செலவழித்து, இந்தியாவில் நிரூபிக்கப்படாத விதைகளை இறக்குமதி செய்வதற்கான துணிவு சி.எஸ்.க்கு இந்தது.

அமெரிக்க பிஎல் 480 கோதுமையும் ரஷ்ய டிராக்டர்களும் நமக்கு சிரஞ்சீவி அல்ல. இவை இடைக்கால ஏற்பாடு என அரசு விளக்கம் அளித்தது.

எந்த நாட்டின் உதவியும் இன்றி உணவுத் தேவையில் தன்னிறைவு அடைவதே அரசின் இலக்கு என உறுதி செய்யப்பட்டது.

துரதிரஷ்டவசமாக 1966லும் பருவ மழை குறைந்து போய் விட்டது. பீகார் பெரிய அளவில் பாதிக்கப்பட்டது. பாகிஸ்தான் போரை காரணம் காட்டி அமெரிக்கா உதவிக்கு முட்டுக்கட்டை போட்டது. ஆயினும் அமெரிக்க ஜனாதிபதி விடாமல் உதவி தொடரச் செய்தார்.

லால்பகதூர் சாஸ்திரி காலத்தில் ஆரம்பிக்கப்பட்ட பசுமைப் புரட்சி, அவரது மறைவுக்கு பின் வந்த அடுத்த பிரதமர் இந்திரா காந்தியாலும் ஊக்கம் அளிக்கப்பட்டது. பல்வேறு முயற்சிகள் அரசின் சார்பில் எடுக்கப்பட்டன. நாட்டின் மூலை முடுக்கெல்லாம் உயர் விளைச்சல் ரகங்கள், ரசாயன உரங்கள், பூச்சி பூஞ்சான மருந்துகள் பிரபலப்படுத்தப்பட்டன. 1970ல் நாடு தன்னிறைவு அடைந்தது.

மெக்சிகோ கோதுமை இனம் கூடுதலாக விளைச்சலைத் தரும். இதனை உருவாக்கிய நார்மன் போலக், நோபல் பரிசு பெற்றார். 'இந்தியாவில் நிகழ்ந்த பசுமை புரட்சியின் வெற்றி தான் எனக்கு நோபல் பரிசைப் பெற்றுத் தந்தது" என்று பெருமையுடன் நினைவு கூர்கிறார்.

உணவு உற்பத்திக்கு நிரந்தர தீர்வு காணும் பொருட்டு விஞ்ஞானத்தையும் தொழில் நுட்பத்தையும் விவசாயத்தில் புகுத்த வேண்டிய அவசியம் ஏற்பட்டது. நீண்ட காலமாக விவசாய

விஞ்ஞானிகள் புறக்கணிக்கப்பட்டு வந்துள்ளனர் என்பதை அரசு உணர்ந்தது. அவர்களின் ஊதியம் உயர்த்தப்பட்டது. வேளாண்மை கல்லூரிகளும் பல்கலைக்கழகங்களும் உருவாக்கப்பட்டன.

மெக்சிகோ சர்வதேச மக்காச்சோள, கோதுமை மேம்பாட்டு மையம் மற்றும் மணிலா நெல் ஆராய்ச்சி கழகத்தின் இயக்கநராக சுப்பிரமணியம் 6 ஆண்டு காலம் பொறுப்பு வகித்தார். அமோக விளைச்சல் தரும் உயர் ரக விதைகள் இந்தியாவில் அறிமுகப் படுத்தப்பட்டன. இதற்கு ஆதரவும், அதே சமயத்தில் எதிர்ப்பும் இருந்தது.

விதைகளை உருவாக்குவதற்கும், சோதிப்பதற்கும் இனப் பெருக்கம் செய்வதற்கும் சுத்தப்படுத்தி பதனம் செய்வதற்கும் சேமித்து வைப்பதற்குமான நடவடிக்கைகள் நடந்தேறின. உரம் இறக்குமதிக்கு மாறாக உள்நாட்டிலேயே உரத் தொழிற்சாலைகள் உருவாக்கப்பட்டன. 2 ஆண்டுகள் பல்துறை பயிற்சி அளிக்கப்பட்ட கிராம சேகவ ஊழியர்கள் நாடெங்கும் நியமிக்கப்பட்டனர். செயல் விளக்கப் பண்ணைகளை பார்க்க ஆர்வமுடன் விவசாயிகள் வந்தனர்.

1965 ஜனவரியில் இந்திய உணவு கார்ப்பரேஷன் (SFII) அமைக்கப்பட்டது. இந்த நேரத்தில் எதிர்க்கட்சிகள் உணவு இறக்குமதியை கடுமையாக எதிர்த்தன.

11.

"அமுல்" ஒரு கண் கண்ட உதாரணம்

அமுலின் வெற்றியைப் பற்றி கேள்விப்பட்ட அப்போதைய பிரதமர் சாஸ்திரி, அந்த வெற்றிக்கான காரணத்தை அறிய விரும்பினார். ஆனந்தில் (அமுல் உள்ள இடம்) ஒரு சிறிய கிராமத்தில் ஒரு சிறிய விவசாயி வீட்டில் ஓர் இரவு தங்கினார். அந்த விவசாயியிடம், அந்த கிராமத்து மக்களிடம் மனம் விட்டு பேசினார். எப்படி அவர்களது மாடு வளர்ப்பு? பால் தரும் லாபம் என்ன? அவர்களது வாழ்வில் ஏதும் மலர்ச்சி ஏற்பட்டுள்ளதா? என கேள்வி மேல் கேள்வி கேட்டு தெளிவு பெற்றார்.

பிறகு குரியனிடம் கேட்கிறார் நம் நாட்டில் பல்வேறு மாநிலங்களில் அரசு நடத்தும் பால் பண்ணைகள் அனைத்தும் நஷ்டத்தில் இயங்குகின்றனவே, எப்படி அமுல் மட்டும் லாபத்தில் நடக்கிறது? மேலும் எல்லா இடங்களிலும் உள்ளது போன்றே வெப்பமும், குளிரும் தட்ப வெப்ப நிலை உள்ள குஜராத்தில் எப்படி இது சாத்தியமானது? இங்கும் சராசரி மழையே உள்ளது. எங்கும் வறண்ட

பூமி, அதே நிலையில் எருமை, மாடுகள் ஆனால் எப்படி வெற்றி சாத்தியமானது?

குரியன் பதில் கூறுகிறார். அமுல் பால் பண்ணையின் உரிமையாளர்கள் விவசாயிகள் தான் என்பது தான் தனித்தன்மை. தேர்ந்தெடுக்கப்பட்ட அவர்களின் பிரதிநிதிகள் தான் பண்ணையை நிர்வாகம் செய்கிறார்கள். அமுலின் வெற்றிக்குக் காரணமான அவர்களின் பிரதிநிதிகள் அவர்களுக்கு பதில் சொல்லவும் கடமைப் பட்டுள்ளார்கள். எனவே நிர்வாகம் சிறப்பாக நடக்கிறது. நான் வெறும் தொழில் முறை மேலாளராக பணி செய்கிறேன்.

'ஆனந்தில் உள்ளதைப் போலவே பால் பண்ணைத் தொழிலில் முன்னேறியுள்ள அனைத்து நாடுகளிலும், விவசாயிகள் தான் அதன் உரிமையாளர்களாக உள்ளனர். அதைத் தான் அமுல் நிர்வாகத்திலும் பின்பற்றுகிறோம் என்றார்.

சாஸ்திரி புரிந்து கொண்டார். பால் சப்ளை செய்யும் உழவர்களே உரிமையாளர்களாக உள்ள அமைப்பு என்பதால் கடமையும் பொறுப்பும் அவர்களுக்கு தன்னால் வந்து விடுகிறது. உறுப்பினர்களுக்கு பதில் சொல்ல வேண்டிய நிலையில் இருப்பதால் தேர்ந்தெடுக்கப்பட்ட நிர்வாகிகள், கடமை உணர்ச்சியோடு நிர்வாகம் செய்கிறார்கள். லாபம் வரும் போது பாராட்டப்படும் அவர்கள், நஷ்டம் வரும் போது கண்டிக்கப்படும் நிலைக்கு ஆளாகி விடுகிறார்கள்.

அந்த சுதந்திரமும், ஜனநாயகமும் இருப்பதால் தான் இந்த அமைப்பில் உள்ள ஒரு எளிய விவசாயி

கூட கேள்வி கேட்க முடிகிறது. அதன் நிர்வாகம் சிறப்பாக நடக்கிறது. அதன் பின் பிரதமர் நாடு முழுக்க எல்லா மாநிலங்களிலும் 'அமுல்" போன்ற அமைப்புகளை ஏற்படுத்த விரும்பினார். குரியனிடம் தனது ஆசையை சொன்னார். வெண்மைப் புரட்சி தோன்றியது.

ஆவின், மில்பா, நந்தினி போன்ற 20க்கும் மேற்பட்ட குட்டி அமுல்கள் உருவாகி, இன்று இந்தியா முழுமைக்கும் நல்ல சுகாதாரமான பால் அனைவருக்கும் கிடைக்கிறது.

பாலுக்கான கூட்டுறவு அமைப்பு போல, காய்கறிகள், பழங்கள், உணவு தானியங்கள் போன்ற அனைத்து விளை பொருட்களுக்கும் கூட்டுறவு அமைப்பின் மூலம், விவசாயிகளே நிர்வாகம் செய்கின்ற, சிறந்த மேலாண்மை நிபுணர்களின் வழிகாட்டுதலோடு செயல்படுகின்ற, வலுவான கட்டமைப்புகள் ஏற்படுத்தப்படின் அனைத்து விளைபொருட்களுக்கும் உரிய விலை பெற்றுத் தர முடியும். உபயோகிப்பாளர்களுக்கும் சரியான விலையில் பொருட்களை விற்க முடியும்.

நமது அரசு கேட்டுக்கொண்ட படி 1979ல் எண்ணை வித்துக்கள் விவசாய கூட்டுறவு சங்கங்கள் ஆரம்பிக்கப்பட்டு 2500 சங்கங்கள், 3,00,000 அங்கத்தினர்களுடன் சிறப்பாக நடைபெற்று வந்தது. ஏழு மாநிலங்களில் விவசாயிகளின் 19 ஒன்றியங்களையும் உருவாக்கி, நாட்டின் 1000 கோடி ரூபாய் அந்நிய செலாவணியில் இறக்குமதி செய்யப்பட்ட சமையல் எண்ணையில்

தன்னிறைவு பெற்றோம். இறக்குமதியை நிறுத்தி உள்நாட்டிலேயே தேவையான அளவு உற்பத்தி செய்ய முடிந்தது.

அதே சமயத்தில் வேறொரு சிக்கலையும் குரியன் சந்திக்க வேண்டியிருந்தது.

சந்தையில் தேவைப்படுகிற அளவுக்கு மட்டுமே உற்பத்தி செய்வது என்பது விவசாயத்தில் சிரமமான காரியம். விவசாயி ஐந்து சதவிகிதம் அதிகமாக உற்பத்தி செய்து விட்டால், வியாபாரி ஒரேயடியாக ஐம்பது சதவிகித அளவுக்கு விலையை குறைத்துத் தான் வாங்குவார். அதே போல் உற்பத்தி ஐந்து சதவிகிதம் குறைந்துவிட்டால் விற்பனை விலையை ஐம்பது சதவிகிதம் உயர்த்தி விடுகின்றனர்.

நமது உற்பத்தி பருவ மழையை நம்பியுள்ளதால் உற்பத்தியை கனகச்சிதமாக திட்டமிட முடியாது. இதையும் கவனத்தில் கொண்டுதான் துல்லிய பண்ணை அமைப்புகள் திட்டமிட வேண்டும்.

12.
நஞ்சில்லா உணவு

நஞ்சில்லா உணவுப் பொருட்கள்

1. தரச்சான்றோடு விற்பனை
2. நுகர்வோருக்கு சரியான விலை
3. தட்டுப்பாடில்லாமல் கிடைக்கும் தன்மை
4. எல்லா இடங்களிலும் அருகருகே கிடைக்கும் என்ற நிலை

இவைகளை இந்த தேவைகளை பூர்த்தி செய்யும் போது விற்பனையில் மிகப் பெரும் சாதனைகளை நிகழ்த்த முடியும்.

நஞ்சில்லா உணவின் தேவை என்ன? இது இத்தனை கோடி மக்களுக்கும் கிடைக்குமா?

இன்றைய அவசர உலகில் அனைவரும் கடைகளில், மார்க்கெட்டில் கிடைக்கும் உணவை வாங்கி வைத்து உண்கிறோம். அவற்றிலுள்ள நஞ்சு தடயம் கொஞ்சம் கொஞ்சமாக நமது உடலில் சேர்ந்து பல்வேறு நோய்களை ஏற்படுத்துகிறது.

உணவுப் பொருட்களிலுள்ள நஞ்சின் அளவும், அவைகளால் மனித குலத்துக்கு ஏற்படும்

தீமைகளையும் ஆராய்ச்சியாளர்கள் பட்டியலை இட்டுள்ளனர். அதனை கொஞ்சம் பார்ப்போமே!

உலகிலேயே அதிகமாக நீரழிவு நோயாளிகள் கொண்ட நாடு இந்தியா தான். அது போல ஏராளமான புற்று நோயாளிகளின் அளவும் இந்தியாவில் அதிகம் தான்.

நஞ்சுள்ள உணவுப் பொருட்களும் சுகாதாரமில்லாத குடிநீரும் நாட்டிற்கே ஒரு சாபக்கேடு. இவைகைள சீராக்கினால் அரசு சுகாதாரத் துறைக்கு செலவிடும் மிகப்பெரிய தொகை குறையும். இந்த தொகையை வேறு வளர்ச்சிப் பணிகளுக்கு செலவிடலாமே!

நமது நாட்டிலிருந்து கறிவேப்பிலை, பச்சை மிளகாய், வெண்டை போன்ற காய்கறிகளை பல்வேறு உலக நாடுகள் முற்றிலும் தடை செய்துள்ளன என்பதை கவனத்தில் கொள்ள வேண்டும். அளவுக்கு அதிகமான நஞ்சு (Pesticide residue) தடயமே காரணம்.

நஞ்சில்லா உணவின் மகத்துவம் பற்றி உலகின் அனைத்து நாடுகளும் புரிந்து கொண்டு ஒவ்வொரு நாட்டிற்குமான உணவுப் பாதுகாப்பு சட்டத்தில் பூச்சி மருந்துக்கான தடயத்திற்கான வரம்பை (Pesticide residue level) மிகவும் கீழாக (From 5% to 0.5%) வைத்துள்ளனர். நமது நாட்டில் அதற்கான கட்டுப்பாடும் இல்லை. 30% அளவில் தடயம் (residue) உணவைக் கூட நாம் உண்கிறோம்.

மிகவும் பின்தங்கிய நாடுகள் என கூறப்படும் ஆப்பிரிக்க நாடுகள், சமோவா, கம்போடியா போன்ற

நாடுகள் கூட நஞ்சில்லா உணவின் மகத்துவத்தை புரிந்து கொண்டுள்ளனர்.

ஆனால் நமது நாட்டிலோ பூச்சி மருந்தின் தடயம் (residue) பற்றிய எண்ணமே இல்லாமல் நாம் வாழ்கிறோம். நமது நாட்டிலிருந்து ஏற்றுமதியாகும் உணவுப் பொருட்கள் (குறிப்பாக திராட்சை, மாதுளை) போன்றவை மிகுந்த சிரமத்துக்கு இடையில் தான் பிற நாடுகளில் விற்பனை செய்யப்படுகின்றன.

நமது உணவுப் பொருட்களில் எந்தெந்த பொருட்களில் எவ்வளவு தடயம் (residue) உள்ளது என்பதை பின் வரும் தரவுகளில் காணலாம்.

இதே நிறுவனம் செய்த வேறொரு ஆய்வில், நஞ்சில்லா உணவுப் பொருள் வாங்குவோர் என்ன காரணத்திற்காக வாங்குகிறார்கள்? என்பது கூட ஆச்சர்யமான பல உண்மைகள் தெரிய வருகிறது.

மேலும் மக்களின் கருத்துப்படி நஞ்சில்லா உணவு பற்றிய விழிப்புணர்வு இன்மை, பொருட்களின் தரம் பற்றிய உறுதியின்மை, பொருட்கள் தேவையான அளவு தொடர்ந்து கிடைக்காமை இவைகள் கூட மக்கள் பெருமளவில் நஞ்சில்லா உணவுப் பொருட்களை வாங்க தயங்கலாம். நாம் செய்ய வேண்டியது என்ன?

1. நஞ்சில்லா உணவு பற்றிய பரப்புரையை மக்கள் மத்தியில் பரப்புதல்
2. தரச் சான்றுகளோடு விற்பனை
3. துல்லிய ஆர்கானிக் பண்ணை திட்ட விற்பனை மையங்கள்
4. தொடர்ந்து தடையற்ற பொருட்களின் விற்பனையை உறுதி செய்தல்

நஞ்சில்லா உணவுப் பொருட்களை (காய்கறி, பழங்கள், தானியங்கள், பால் பொருட்கள்) துல்லிய பண்ணை திட்ட விற்பனை அங்காடிகளில் தரத்தின் முத்திரையோடு தடையின்றி கிடைக்கும் எனில், விற்பனையில் ஒரு புரட்சியை எதிர்பார்க்கலாம்.

நஞ்சில்லா உணவு **(Pesticide Free Food):**

நாம் அன்றாடம் உண்ணும் உணவில் எவ்வளவு நஞ்சு கலந்துள்ளது (Pesticide residue) என்ற பார்வை:

பொருட்கள்	சாம்பிள்கள்	பூச்சி மருந்துகள்	தடை செய்யப்பட்ட மருந்துகளின் தடயம்	அனுமதிக்கப்பட்டு அளவுக்கு அதிகம்
கறிவேப்பிலை	73	63	63	0
பழங்கள்	128	73	42	2
தானியங்கள்	71	7	6	1
வாசனைப் பொருட்கள்	157	131	129	15
அரிசி	72	62	24	13
காய்கறிகள்	250	128	103	6
கோதுமை	72	17	8	2

நன்றி: டைம்ஸ் ஆ்ஃப் இண்டியா

நாம் அதிகம் உபயோகப்படுத்தும் அரிசியில் 18 விழுக்காடு பூச்சி மருந்துகள் அனுமதிக்கப்பட்ட அளவை விட அதிகமாக உள்ளன. தானியங்களில் 3 சதவீதமும் வாசனைப் பொருட்களில் 9.5 சதவீதமும் காய்கறிகளில் 3 சதவீதமும் கோதுமையில் 3.6 சதவீதமும் உள்ளது. எவ்வளவு பெரிய ஆபத்து.

இந்த பொருட்கள் நமது ஆரோக்கியத்தை எவ்வளவு பாதிக்கும் ?

இந்தியாவில் கணக்கில்லாத நீரழிவு நோயாளிகளுக்கும் புற்றுநோயாளிகளுக்கும் இவையே காரணமாக இருக்கலாம்.

காய்கறிகளில் பூச்சி மருந்தின் தாக்கம்:

	(1)	(2)	(3)
மொத்த சாம்பிள்கள்	817	187	735
பூச்சி மருந்துகள் இல்லாதவை	622	172	694
காணப்பட்டவை	195	15	41
தடை செய்யப்பட்ட பூச்சி மருந்துகள் உள்ளவை	130	14	32
FSSAI அனுமதிக்கப்பட்ட அளவுக்கு அதிகமானவை	43	0	2
APMC மார்க்கெட்டில் எடுக்கப்பட்ட சாம்பிள்கள்	106	11	33
தடை செய்யப்பட்ட மருந்துகள் காணப்பட்டவை	15	0	1

சாம்பிள் எடுக்கப்பட்ட காய்கறிகள்

1. கத்தரி
2. தக்காளி
3. முட்டைகோஸ்
4. காலிபிளவர்
5. மிளகாய்
6. குடமிளகாய்
7. வெள்ளரி

8. **கீரைகள்**
9. பாகற்காய்
10. கொத்தமல்லி கீரை

சாம்பிள்கள் பரிசோதிக்கப்பட்ட பரிசோதனைக் கூடங்கள்:

1. Anand Agri University
2. NDDB (Lab)
3. NIOH Lab

சாம்பிள்கள் எடுக்கப்பட்ட நகரங்கள்:

1. **அகமதாபாத்**
2. அம்பவ்
3. கம்பபாட்
4. **ஆனந்த்**
5. பரோடா
6. ராஜ்கோட்
7. உதயபூர்
8. உஜ்ஜயினி
9. சுரேந்தர் நகர்

நன்றி: டைம்ஸ் ஆப் இண்டியா

பழங்கள் மற்றும் வாசனைப் பொருட்களின் தர ஆய்வு

பொருட்கள்	எடுக்கப்பட்ட **சாம்பிள்கள்**	பூச்சி மருந்து காணப் பட்டவை	தடை செய்யப்பட்ட மருந்துகளின் தடயம்	அளவுக்கு அதிகமாக பூச்சிமருந்துகள்
ஆப்பிள் மாதுளை திராட்சை	179	47	28	3
பயறு வகைகள்	70	5	4	1
அரிசி	72	3	0	1
மிளகாய்ப்பொடி	34	30	31	2
ஏலக்காய் சீரகம்	219	94	90	41
கோதுமை	75	7	0	0
காய்கறிகள் சந்தைகளில்	396	106	66	15
காய்கறிகள் ஆர்கானிக் பண்ணைகளில்	59	1	1	0

சாம்பிள்கள் எடுக்கப்பட்ட நகரங்கள்

1. அகமதாபாத் 2. மும்பை 3. டெல்லி 4. பெங்களூர் 5. ஐதராபாத் 6. கல்கத்தா 7. சென்னை 8. ஆக்ரா 9. அஜ்மீர்

நன்றி: டைம்ஸ் ஆப் இண்டியா

கார்பெண்டாசிம்: கருவுறாமைக்கு காரணமாகிறது மற்றும் விந்தணுக்களை அழிக்கிறது. சிலோர்பைரி..போஸ்: தீவிரமான வெளிப்பாடுகள் வாந்தி, வயிற்று தசை வலி மற்றும் பலவீனங்கள் மற்றும் ஒருங்கிணைப்பு இழப்பை ஏற்படுத்தும்.

அசிபேட்: இது குமட்டல், தலைசுற்றல், குழப்பத்தை ஏற்படுத்தும். நரம்பு மண்டலத்தைத் தூண்டும்.

ஃபென்வலரேட்: கடுமையான பயம் மற்றும் நரம்பு கோளாறுகள்

அசோக்ஸிஸ்ட்ரோபின்: இது மிதமான கடுமையான உள்ளிழுக்கும் நச்சுத் தன்மையைக் கொண்டுள்ளது. மற்றும் தோல் மற்றும் கண் எரிச்சலை ஏற்படுத்துகிறது.

பிஃபென்ட்ரின்: தலைசுற்றல், தலைவலி, கூச்ச உணர்வு.

சைஹலோத்ரின்: தோல் கூச்ச உணர்வு, முட்கள் நிறைந்த உணர்வுகள், குமட்டல், பசியின்மை மற்றும் சோர்வு.

எத்தியன்: வாந்தி, வயிற்றுப்போக்கு, தலைவலி, வியர்த்தல் மற்றும் குழப்பம் கடுமையான விஷம் தன்னிச்சையான தசைச் சுருக்கம், அனிச்சை இழப்பு மற்றும் மந்தமான பேச்சுக்கு வழிவகுக்கும்.

நன்றி: டைம்ஸ் ஆப் இண்டியா

13.
ஆர்கானிக் உணவுப் பொருட்கள் மார்க்கெட்டிங்

ஆர்கானிக் மார்க்கெட்டிங்

இயற்கை வேளாண் பொருட்களின் உள்நாட்டு வியாபாரம் மற்றும் ஏற்றுமதி மிகப்பெரிய ஜனத்தொகை கொண்ட உலகின் மிகப் பெரிய மார்க்கெட் நமது இந்தியா.

பொருள்	சோதிக்கப் பட்டது	ரெஸ்டியூ கண்டறியப் பட்டது	தடைசெய்யப் பட்ட பூச்சிக்கொல்லிகள்	பூச்சிக் கொல்லிகள் அங்கீகரிக்கப் பட்டவரம்பிற்கு மேல்	கண்டறியப்பட்ட பூச்சிக்கொல்லிகள் / களைக்கொல்லிகள்
பழங்கள் (ஆப்பிள் மாதுளை திராட்சை)	179	47	28	3	ஹெக்ஸகோனசோல் டி·:·பெனோனோன சோல் டெபுகோன சோல்
தானிய வகைகள்	70	5	4	1	குளோர்பைரி·:·போஸ்
அரிசி	72	3	0	1	டெல்டாமெத்ரின்
மிளகாய் பொடி	34	30	31	2	சைஹலோத்ரின் லாம்ப்டர்
மசாலா(ஏலக்காய் சீரகம்)	219	94	90	41	குயின் போஸ் தியாமேதாக்சாம்
கோதுமை	75	7	0	0	
காய்கறிகள் மார்க்கெட்	396	106	66	15	குளோர்பைரி·:·போஸ் சைஹலோத்ரின் லாம்ப்டர்
காய்கறிகள் ஆர்கானிக் பார்ம்	59	1	1	0	டிபனோசோனஸ்

நஞ்சில்லாப் பொருட்கள் எல்லா நகரங்களிலும் தற்போது விற்கப்படுகின்றன. அதிகமான விலை தான். ஆயினும் அதிக விலை கொடுத்து வாங்கினாலும் இதன் தரத்திற்கு உத்திரவாதம் இல்லை. அதிகமான ஆர்கானிக் பொருட்களிலும் பூச்சி மற்றும் களைக்கொல்லிகளின் தடயம் காணப்படுகிறது.

இதே பொருட்கள் ஏற்றுமதி செய்யும் போது இறக்குமதியாளர் மிகவும் ஏமாற்றமடைந்து தொடர்ந்து வியாபாரம் செய்ய நம்மிடம் வருவதில்லை.

உள்நாட்டிலும், வெளிநாட்டிலும் நம் வேளாண் பொருட்கள் ஆர்கானிக் சான்றோடும், தரத்தோடு விற்பனை செய்யப்படின் விவசாயிகளுக்கு நிச்சயம் கட்டுபடியாகும் விலை கிடைக்கும். இதை துல்லிய ஆர்கானிக் பண்ணைத் திட்டம் உறுதி செய்ய வேண்டும்.

கட்டுபடியாகும் விலை மற்றும் உறுதியான நீர்ப்பாசனம் தான் தற்போது உழவர்களின் கண்ணீரை நிரந்தரமாக போக்கும் வழி. கடன் தள்ளுபடியோ வேறு மானியங்களோ இல்லை.

14.
பூச்சிக்கொல்லி ரசாயணங்களால் ஏற்பட்ட, ஏற்படபோகும் பாதிப்புகள்

இயற்கையை வெற்றி கொள்ளப்போகிறோம் என்ற தனது இலக்கை நோக்கி செல்லும் மனிதன் அழிவின் வரலாற்றை எழுதிக் கொள்கிறான். தான் வாழும் உலகை மட்டுமின்றி தன்னோடு உயிரைப் பகிர்ந்து கொள்பவற்றையும் அழித்து வருகிறேன். அன்மை நூற்றாண்டுகளில் இந்த மோசமான அழிவு கணிக்கின்றி நடக்கிறது.

வேதிப்பொருட்களான நஞ்சினால் எற்படும் ஆபத்தைப்பற்றி கவனனிக்க வேண்டிய அவரசரத்தை நாம் உணரவில்லை, வேளாண்மையில் ஈடுபடுவோர் இந்த வேதிப்பொருட்கள் மூலம் தங்கள் உற்பத்தியை பெருக்குவதனால் ஏற்படும் பயனைத்தான் முதன்மையாக கருதுகிறார்கள். பயன்களோடு அவை ஏற்படுத்தும் ஆபத்தை ஒப்பிட்டு பார்க்கிறார்கள் ஆனால் அவை பரவலாக நீண்ட நாட்கள் தள்ளி ஏற்படுத்தும் அழிவை பார்ப்பதில்லை. இந்த வேதிப்பொருட்களை நாம்

விழுங்கிக் கொண்டுள்ளோம் இதன் பாதிப்பு அடுத்த 20-30 ஆண்டுகளுக்கு தெரியாது

இந்த மாசு தொடங்கி வைத்திருக்கும் தீமை உலகை மட்டுமல்ல உயிர்த் தசைகளிலும் மறுமாற்றம் செய்ய முடியாத அளவுக்கு ஊடுருவி விட்டது.

அனுக்ககதிர் வீச்சு உயிரின் தன்மையே மாற்றும் வல்லமை கொண்ட காற்று வெளியிடப்படும் ஸ்ட்ரான்சியம் 90, பூமிக்கு மழையாய் வருகிறது, நிலத்தடி நீரில் தங்கிக் கொள்கிறது.

அங்கு பயிராகும் புல்லிலும், கதிரிலும், அரிசியிலும் நுழைகிறது மனிதரின் எலும்பு மஜ்ஜைக்குள் ஊடுருவி, சாகும் வரை அங்கேயே இருக்கிறது. அதுபோலவே பயிர்களுக்கு தெளிக்கப்படும் இரசாயணங்களும், மனித உடலுக்குள் ஊடுருவி நிலைத்து இருக்கிறது தூய்மையான கிணற்று நீரை மாசுபடுத்துகிறது.

இயற்கை தன்னிச்சையாய் செயல்படும் அதற்கென ஒரு வேகம் உண்டு, ஆனால் மனிதன் கண்மூடித்தனமாக வேகத்தில் புதிய சூழலை உருவாக்குகிறான்.

இந்த புதிய சூழலோடு ஒத்துப்போவதற்கு மனிதனுக்கு ஒரு தலை முறை போதாது. ஆனால் அதற்குள் புதிய புதிய வேதிப்பொருட்கள் வந்தவண்ணமாயிருக்கின்றன, ஆண்டுக்கு 500 புதிய பொருட்கள் அமெரிக்காவில் மட்டுமே வெளிவருகின்றன 1940ல் 120 பொருட்கள்

வெளிவந்தன இன்று 2010ல் பல்லாயிரம் வந்துவிட்டன.

பூச்சிக்கொல்லிகள் எந்த வேறுபாடும் இல்லாமல் பண்ணைகள், தோட்டங்கள், காடுகள், வீடுகள் அனைத்திலும் பயன்படுத்தப்படுகின்றன இவை குறிப்பிட்ட பூச்சியை மட்டும் அழிக்காமல் அனைத்து (நல்ல, கெட்ட) பூச்சிகளையும் அழிக்கின்றன.

பூச்சிக்கொல்லியை தேர்வு செய்வதன் மூலம் மனிதன் தன் வருங்காலத்தையே மாற்றிக் கொள்கின்றான்.

சில பூச்சிக்கொல்லிகள் மிகத் தீவிரமானவை, உடலின் முக்கிய உள்ளுறுப்புகளுக்குள் நுழைந்து அவற்றைக் கெடுக்கும் ஆற்றல் வாய்ந்தவை, உடலைக் காக்கும் என்சைம்களையே இந்த நச்சுப்பொருட்கள் அழித்து விடுகின்றன, மிக முக்கியமாக சில செல்களில் மெல்ல நடைபெறும் திரும்ப செய்யமுடியாத மாற்றங்களை தோற்றுவிக்கின்றன இது புற்றுநோயில் போய் முடியும்.

உலக வரலாற்றில் கடந்த இருபது ஆண்டுகளில் (1940-1960) பூச்சிக்கொல்லிகள் உயிருள்ள, இல்லாத பொருட்கள் அனைத்திலும் பரவிவிட்டன. மீன், பறவைகள், ஊர்வன வீட்டு விலங்குகள் என்ற உயிர் உள்ள பொருட்களிலும், மண், நிலத்தடிநீர், ஏரி, குளம், ஆறு, காற்று என்ற உயிரில்லா பொருட்களிலும் பரவிவிட்டன.

பூச்சிக்கொல்லிகள் உற்பத்தி செய்யும் தொழிற்சாலைகள் ஏராளமாக பெருகிவிட்டன. இரண்டாம் உலகப்போரின் பரிசு இது.

போரில் வேதிப்பொருட்களை பயன்படுத்த சோதனை சாலைகளில் தயாரித்த போது, யதேச்சையாக சில பூச்சிகள் சாவதை பார்த்தனர்.

இதன் விளைவு: எண்ணற்ற ரசாயண பூச்சிக்கொல்லிகள் சந்தைக்கு வந்துவிட்டன.

இரண்டாம் உலகப்போருக்கு முன்னர் கரிம வேதிப் பொருட்கள் இல்லாத வேறு பூச்சிகொல்லிகளைப் பயன்படுத்தி வந்தனர். அதில் முக்கியமானது ஆர்சனிக் ஆகும். இது கரிம மற்றும் பூச்சிக்கொல்லிகள் பலவற்றுக்கு அடிப்படையாக உள்ளது.

இது மிக அபாயகரமான நச்சுப்பொருள் புற்றுநோயை உண்டாக்கும். இது கால் நடைகள் பாதிக்கிறது, பக்கத்திலுள்ள பண்ணைகளுக்கும் பரவி, நீர்நிலைகள் அசுத்தப்படுத்துகிறது.

ஆர்சனிக் வேதிப்பொருட்களை விட ஆபத்தானவை இரண்டு வகைப்படும்.

1. குளோரினேற்றப்பட்ட ஹைட்ரோ கார்பன்கள் (DDT) 2. கரிம பாஸ்பரஸ் பூச்சிக்கொல்லிகள் (மாலதியான், பாரதியான்) DDT என்பது டைகுளோரா ஃபினைல் டிரைக்குளோரா ஈதேன் என்ற வேதிப்பொருள்களின் சுருக்கம்.

இதனை 1874 ல் ஒரு ஜெர்மணி விஞ்ஞானி கண்டுபிடித்தார். ஆனால் 1939 ம் ஆண்டுதான்

இதனுடைய பூச்சிக்கொல்லும் தன்மை கண்டறியப்பட்டது.

இந்த அபாயகரமான வேதிப்பொருள் உட்கொள்ளும்போது, உணவுக்குழாய் வழியாகப் போகும் போது மெதுவாக உறிஞ்சப்படுகிறது. DDT கொழுப்பில் கரையக்கூடியது. அது உடலில் சென்றவுடன் அட்ரினல் சுரப்பிகள், விரைகள் மற்றும் தைராய்டுகளில், சிறுநீரகங்கள், கல்லீரலில் சேமிக்கப்படுகிறது. அது கொழுப்பு பொருளில் மென்மேலும் பெருகுகிறது.

பத்து லட்சத்தில் 1/10 பகுதி என்பது. 000001 என்பது விரைவில் 3/10 - 000003 என்று மாறும் போது இதய தசையுள்ள என்சைம்களை செயலிழக்க செய்து விடுகிறது.

மேலும் உணவில் மட்டுமின்றி இதர வகையிலும் மனித உடலுக்குள் செல்லும் அளவுகள்.

விவசாயத் தொழிலாளர்கள்- .000017

தொழிற்சாலையில் வேலை செய்பவர் - .000648

மேலும் புற்களில் தெளிக்கப்பெறும் DDT கோழிகள் சாப்பிடும் போது DDT உள்ள முட்டைகள் இடுகின்றன

முட்டையில் உள்ள DDT- 000007

பாலில் உள்ள பூச்சிமருந்தின் அளவு - .000008

வெண்ணெய் பாலில் உள்ள பூச்சிமருந்தின் அளவு .000065

இதே போல மீன்கள், கோழிகளின் உடலுக்குள் செல்லும் பூச்சி கொல்லி பல மடங்காக வீரியம் உயர்ந்து மனிதனை அடைகின்றது.

கரிம பாஸ்பேட்டுகளில் இன்னொறு வகை மாலத்தியான் தோட்டக்காரர்களினால் அதிகம் பயன்படுத்தப் படுகிறது. இது மிகவும் குறைந்த வீரியமுள்ளது, அபாயமற்றது என்று சந்தைப் படுத்தப்படுகிறது. இதற்கு எந்த ஆதாரமும் இல்லை.

பாலூட்டிகளின் கல்லீரல் தன்னைத் தனே காத்து கொள்ளும் ஆற்றல் உடையது. அதிலுள்ள ஒரு என்ஸைம் மாலத்தியானுடைய நச்சுத் தன்மையை மாற்றி விடுகிறது. எனவே மாலத்தியான மிகத்தீவிரமாக வேலை செய்யும்.

இப்படி நடைபெறக்கூடிய வாய்ப்பகள் அதிகம், சில ஆண்டுகளுக்கு முன் விஞ்ஞானிகள் மலத்தியானோடு இன்னொரு கரிம பாஸ்பேட்டை கலந்தனர். இன்டி வீரியம் 50 மடங்கு இருந்தது.

உணவுப் பொருட்களில் வெவ்வேறு பயிர்களுக்கு, வேறு வேறு பூச்சி மருந்துகளை தெளிக்கிறோம். அவற்றின் தடயம் (residue) வரையறைக்கு உட்பட்டதாக இருக்கலாம். ஆனால் இரண்டுமூன்று பொருட்கள் (காய்கறிகள்) சேரும்போது இவற்றின் ஆபத்து அதிகம் என கண்டறிந்துள்ளனர்.

காளிபிளவர், முட்டைகோஸ் போன்ற காய் கறிகளை தாக்கும் புழுக்களை அழித்து உடனே விற்பனை செய்ய முடியும் என உழவர்கள், மாலத்தியான் கரைசலில் முக்கி எடுப்பது

வழக்கம். இதன் கொடிய ஆபத்தினை அவர்கள் உணரவில்லை.

இதே புற்களை மாடுகள் உண்ணும் போது பாலில் DDT உள்ளது. ஆனால் அதே பாலிருந்து கிடைக்கும் வெண்ணெயில் 9 மடங்கு அதிகமாக உள்ளது.

வெண்ணெயில் உள்ள அளவு DDT - .000065

இங்கனம் ஒன்றிலிருந்து மற்றொன்றுக்கு மாறும்போது அடர்வு அதிகமாகிறது.

இந்த நஞ்சு தாயிடமிருந்து குழந்தைக்கும் செல்கிறது. கருவில் இருக்கும் குழந்தைக்கே நஞ்சின் தடயம் செல்கிறது. தாய்ப்பாலில் நஞ்சு கலந்துள்ளது என நிபுணர்கள் அச்சப்படுகிறார்கள்.

1930 களிலேயே குளோரினேற்றப்பட்ட நா∴ப்தலீன்கள் என்ற ஹைட்ரோ கார்பன்கள் மஞ்சள் காமாலையை உண்டாக்குவதாக அறியப்பட்டது.

இந்த கூட்டத்திதை சேர்ந்த கொடூரமான விஷங்கள் 1. டியல்ட்ரின் 2. ஆல்ட்ரின் 3. என்ட்ரின் இவை DDT ஐ விட 5 மடங்கு நச்சுத்தன்மை உடையது.

ஆல்ட்ரின், டியல்ட்ரின் ஆக மாறும் தன்மை கொண்டது. டியல்ட்ரின் தெளித்த உணவுப்பொருளை சோதித்தால் டியட்ரின் தடயமே இருக்காது. அது ஆல்ட்ரின் ஆக மாறி விட்டிருக்கும் இதனை கண்டறிய வேறு சோதனைகளை செய்யவேண்டிவரும். ஆய்வாளர்கள் குழப்பத்தில் ஆழ்த்திவிடும் போக்கு உள்ள வேதிப்பொருள்.

15.

பூச்சிகொல்லி ரசாயணங்கள் உபயோகிப்பதால் பூச்சிகளின் எண்ணிக்கை கூடுகிறது என்கிறார்களே! உண்மையா?

பழங்காலத்தில் கடைபிடிக்கப்பட்ட விவசாய முறைகளில் பூச்சித்தொல்லை குறைவாகவே இருந்தது. ஆனால் விவசாயத்தில் தீவிர வழி முறைகளை பின்பற்றத் தொடங்கியதும் விவசாயத்திற்கென்று நிலத்தை அதிகரித்து, ஒரே வகையான பயிர்களை பயிரிடத் தொடங்கினோம், அதன் விளைவாக ஒரே வகையான பூச்சி இனம் மட்டுமே நிலைத்து விட்டது. ஒரு பயிர் விவசாயம் இயற்கையின் வழிமுறைகளை பயன்படுத்தாமல் அவற்றை பாழக்கிவிட்டது, நிலப்பரப்பில் இயற்கை பல்வேறு வகையான தாவரங்களை அறிமுகப்படுத்தியது. இயற்கை விதித்திருக்கும் சமநிலை ஒன்று. உதாரணமாக கோதுமையில் ஒரு குறிப்பிட்ட பூச்சி இனம் மட்டும் தன் இனத்தை

பெருக்கிக்கொள்ளும். அங்கு மாற்று பயிர் சாகுபடி செய்தால் அதன் இனப்பெருக்கம் தடைபடும்.

இன்றைக்கு பூச்சிகளால் ஏற்படும் அழிவுகளின் இன்னொரு காரணியை மனித வரலாற்றின் பின்னனியில் பார்க்கலாம் வெவ்வேறு வகையான உயிரினங்கள் ஆயிரக்கணக்கில் தங்களது வழக்கமான இருப்பிடங்களை விட்டு புதிய பகுதிக்கு படை எடுக்கின்றன 10 கோடி ஆண்டுகளுக்கு முன் ஏற்ப்பட்ட இயற்கை சூறாவளியால் கண்டங்கள் பிரிக்கப்பட்டு விட்டது. பெரிய இயற்கை அரண்களுக்குள் சிறைபட்ட உயிரினங்கள் 1 கோடி ஆண்டுகளுக்கு முன் நிலப்பரப்புகள் ஒன்று சேர்ந்த பிறகு உயிரினங்கள் புதிய இடத்துக்கு இடம் பெயர்ந்தன. இந்த மாற்றம் இன்னமும் நடந்து கொண்டுள்ளது, மனிதர்களின் உதவியோடு.

உயிரினங்கள் பரவுதலுக்கு, தாவரங்களை இடம் விட்டு இடம் எடுத்துச்செல்வது முக்கிய காரணியாக உள்ளது. தாவரங்களோடு உயிரினங்களும் சேர்ந்து போகின்றன. அதனை தடுக்கும் முயற்ச்சி போதுமான அளவு வெற்றி பெறவில்லை.

பூச்சி மருந்து தெளிப்பதால் பூச்சிகள் அழிந்துவிடுகின்றவா? அதிகமாக பெருக்கம் செய்கின்றனவா?

பூச்சி மருந்தின் விளைவால் கீழ்கண்ட பாதிப்புகளை யாராலும் மறுக்க முடியுமா?

நரிகள், குள்ளநரிகள் - அடியோடு ஒழிந்தன தவளைகள், ஓணான்கள், தேனீக்கள் - பாதியாக

குறைந்தன. கழுகுகள், ஆந்தைகள் - பாதியாக குறைந்தன

புழுக்கள், காடை, கதுவாரிகள் - கணிசமான அளவில் குறைந்துள்ளன. 1. நரிகள் அழிந்ததால் அதன் உணவுச்சங்கியால் அடிபடும் மயில்களின் இனம் பல்கிப் பெருகி விவசாயிகளுக்கு பெரும் தொல்லையாக, ஏன் சில காய்கறிகளை அறவே பயிரிட முடியாத நிலைக்கு விவசாயிகள் வந்து விட்டனர். (உ.ம்: தக்காளி, பச்சைமிளகாய்) தேனீக்களின் அழிவால் தேன் வளர்ப்பு தொழில் கேள்விக்குறியாகிவிட்டது. பல பழங்களின் அயல் மகரந்த சேர்க்கை பாதிக்கப்பட்டு உற்பத்தி குறைகிறது. உங்களால் சுத்தமான தேன் வாங்கமுடியாத நிலை ஏற்பட்டுள்ளது. தேனீக் களால் உண்டாகும் அயல் மகரந்த சேர்க்கை இல்லாததால், பழங்கள், காற்கறிகள் உற்பத்தி வெகுவாக பாதிக்கப்பட்டுள்ளது. சுற்றுச்சூழல் பாதுகாப்புக்கு, காடுகளின் பெருக்கத்திற்கு தேனீயின் பங்கு மகத்தானது. தேனீக்களின் அழிவு மனித குலத்துக்கு மிகப்பெரிய இழப்பு என்றால் மிகையாகாது.

3. தவளைகள், ஓணான்கள் அழிந்ததால் அவற்றின் உணவான கொசுக்கள் பெருகிவிட்டன.

4. கழுகுகள், ஆந்தைகள் அழிந்ததால் எலிகள் பெருத்து விட்டன. எலியின் மூலம் பரவும் தொற்றுக்கள்அதிகமாகி வருகின்றன. இத்தகைய பாதிப்புகளை பார்க்கிறோம். இந்த அனைத்துக்கும்

மூலகாரணமான பூச்சி கொல்லியின் உபயோகத்தை பார்ப்போம். (பூச்சி கொல்லிகள் தெளிப்பதால் பூச்சிகள் அழிந்து விட்டனவா? இல்லை; பெருகிவிட்டது என்பதே உண்மை).

ஒரு குறிப்பிட்ட பூச்சியை அழிக்க ஒரு குறிப்பிட்ட பூச்சிகொல்லியை தெளிக்கிறோம். அது அந்த பூச்சியை மட்டுமின்றி அதன் எதிரிகளையும் சேர அழித்துவிடுகிறது. எனவே, எதிர்ப்பு எதுவுமின்றி அந்த பூச்சியின் வம்சமே பெருகிவிடுகிறது. அந்த பூச்சிக்கான உணவுதரும் ஒரே பயிர் நிறைய ஏக்கரில் பயிர் செய்யப்படுவதும் அந்த பூச்சிகளுக்கு நல்ல வாய்ப்பை ஏற்படுத்தி தருகிறது.

உதாரணமாக நெற்பயிரில் இலை சுருட்டும் புழுவை அழிக்க கடும் நஞ்சுகளை தெளிக்கிறோம். புழுக்கள் சாகின்றன. இந்த புழுக்களை மட்டுமே உணவாக சாப்பிடும் கரிச்சான்குருவிகளும் கூடவே மரணித்து விடுகின்றன. எங்கும் நெல்வயல்கள் பிறகென்ன? புழுக்கள் கொண்டாட்டத்துடன் பரவி எங்கும் வியாபித்து அனைத்து வயல்களிலும் பாதிப்பை உண்டாக்கும்.

பூச்சி மருந்து தெளிப்புகளில் சில ஒரு குறிப்பிட்ட வகைப் பூச்சியை கொல்வதில் நல்ல பலனை தரலாம், ஆனால் வேறு பூச்சிகள் பெருகிவிட வாய்ப்பை தேடி தருகின்றது. சிலந்தி உண்ணி அதனுடைய பகைவர்களை DDT - யும் பிற பூச்சிகொல்லிகளும் அழித்துவிட்டதால் அதிகமாக பெருகிவிட்டது. சிலந்தி உண்ணியை ஒரு பூச்சி என்று கூற முடியாது. ஏனெனில் அது எட்டுகால்

ஜந்து, தேன் இனத்தை சார்ந்தது. அதனுடைய வாய்ப்பாகம் துளை உண்டாக்கி உறிஞ்சுவதற்கு வசதியாக உள்ளது. அதற்கு பச்சையம் பிடித்த உணவு. அது வாழை இலை செல்களில் செலுத்தி பச்சையத்தை உறிஞ்சுவிடும். வாழை இலைகள் மஞ்சளாகி விழுந்துவிடுகின்றது.

அமெரிக்காவில் 1956 -ல் வனத்துறை 8,85,000 ஏக்கரில் DDT- யை தெளித்தது. அதன் நோக்கம் அரும்புழுவை கட்டுப்படுத்துவது. ஆனால், சிலந்தி ஜந்துகள் அதிகமாகி காட்டுமரங்களும், செடிகளும் பாழ்பட்டன. பூச்சிகொல்லிகளால் இவை ஏன் அதிகமாகின்றன. மூன்று காரணங்கள் 1. அவற்றை பல பூச்சி இனங்கள் கட்டுக்குள் வைத்திருந்தன.

அவற்றை பூச்சிகொல்லிகள் அழித்துவிட்டன. 2. பகைவர்களுக்கு பயந்து ஒரே இடத்தில் கிடந்தவை,

பகைவர்கள் அழிந்ததால் நிறைய இடம் கிடைத்து, உணவும் தடையின்றி கிடைப்பதால் இவை பல்கிப் பெருகுகின்றன. கிழக்கு சூடானில் பருத்தி விவசாயிகள் இலைப்பேன்களை கட்டுப்படுத்த DDT தெளித்தார்கள், தொடக்கத்தில் நல்ல பலனை தந்ததால் தொடர்ந்து தெளித்தார்கள். பருத்திக்கு முதல் எதிரி துளையிடும் புழு. மருந்து தெளித்ததால் இவை பெருகி காய்களை பெருத்த சேதம் செய்தன. இலைப் பேன்கள் கொல்லப்பட்டது உண்மை தான். ஆனால், அதனால் ஏற்பட்ட பலனைக் காட்டிலும் புழு பருத்தியை சேதப்படுத்தியது அதிகம்.

காஸ்கோவிலும், உகண்டாவிலும் காபிச் செடியில் DDT தெளித்த போது அது பூச்சியை கொல்லவில்லை, மாறாக அதனை தின்னும் பூச்சிகளை அழித்துவிட்டது.

1957-ல் லூசியானாவில் ஹெக்டாகுளோரை தெளித்தார்கள் கரும்புக்கு எதிரியான துளையிடம் பூச்சி அதிகமாகிவிட்டது. கருப்பு எறும்பை கொல்லப் பயன்படுத்திய இரசாயனம் துளையிடும் பூச்சிகளின் எதிரியை அழித்துவிட்டது.

ஜப்பானிய வண்டை அழிக்க டியல் டிரின் பயன்படுத்தினார்கள். அங்கும் தானியத்தை துளைக்கும் வண்டு அதிகமாகிவிட்டது.

பூச்சிகள் எதிர்ப்பு சக்தியை வளர்த்துக் கொள்கின்றனவா?

பூச்சிகளின் எதிர்ப்பு சக்தி பற்றிய செய்தி மெதுவாகத் தொணீய வருவது போல, எதிர்ப்பு சக்தி மந்தமாக இல்லை. 1. 1945-ல் DDT - க்கு சில பூச்சிகள் எதிர்ப்பு சக்தியை வளர்த்து கொண்டன. 2. 1960-ல் - 137 வகை பூச்சிகள் வளர்த்து கொண்டன.

இப்போதெல்லாம் எதிர்ப்பு சக்தி மிக வேகமாக உண்டாகி விடுகிறது. தென் ஆப்பிரிக்காவில் கால்நடையை நீல உண்ணிகள் தாக்கி 600 கால்நடைகள் மாண்டன. இந்த உண்ணி முதலில் ஆர்சனிக்கு எதிர்ப்பு சக்தியை வளர்த்து கொண்டது. பிறகு பென்சின் ஹெக்டாகுளோரைக்கும் எதிர்ப்பு சக்தியை வளர்த்து கொண்டது.

உலக சுகாதார அமைப்பை சேர்ந்த டாக்டர். பிரவுன் சொல்கிறார். மருத்துவத் துறைக்கு முக்கியமான பல பூச்சிகள் எதிர்ப்பு சக்தியை பெற்று விட்டதன். வீட்டு ஈக்கள், பேன்கள், கொசுக்கள், எலி, உண்ணிகள் மூட்டைப் பூச்சிகள் போன்றவை எதிர்ப்பு சக்தியை பெற்றுவிட்டன் விளைவுகள் மிக மோசமாக இருக்கும் என அவர் எச்சரிக்கிறார்.

16.
இயற்கை தன்னை அழிப்பவனை தண்டிக்காமால் விடாது - பழம்பாடல்

இயற்கை திரும்ப தாக்கும்! - மௌன வசந்தம் - 2013

நாம் அழிக்க முயலும் பூச்சிகள் நம் வேதிப் பொருட்களில் இருந்து தப்பிக்கும் வழியை கண்டு கொண்டன.

"பூச்சிகள் உலகம் இயற்கையின் வியப்பிற்குறிய சக்தி, அங்கு எதுவும் நிகழலாம். நடக்கமுடியாதது கூட நடக்கும்" என்று டச்சு நாட்டு உயிரியலறிஞர் கூறுகிறார்.

இன்றைய பூச்சிகளை கட்டுப்படுத்தும் திட்டத்தில் இரண்டு உண்மைகளை மறந்து விட்டனர்.

1. பூச்சிகளை கட்டுக்குள் வைக்கக் கூடியதும்,

இயற்கையே தவிர மனித முயற்ச்சியில் இல்லை.
2. உயிர்களின் தொகைகள் ஒரு வரம்புக்குள் வைக்கப்பட்டுள்ளன. இதனை சுற்றுச்சூழல் எதிர்ப்பு

என்கின்றனர் இது உயிர் வாழ்கை தொடங்கிய நாளிலிருந்தே இருந்து வருகிறது.

பூச்சிகள் உலகின் பிற உயிர்களினை காக்கும் ஒரு காரணி இன்று நாம் பயன்படுத்தும் வேதிப்பொருட்கள் நம் நண்பர்களையும், பகைவர்களையும் ஒன்றாக அழித்து விடுகிறது.

உயிரின் மீண்டெடுக்கும் சக்தி, சுற்று சூழல் எதிர்ப்பு குறைந்தவுடன் மீண்டெழுகிறது.

தகுதியானவை பிழைத்தல் என்பது டார்வினின் கோட்பாடு. இன்று டார்வின் இருந்தால் அவருடைய கோட்பாடுகளை பூச்சி உலகம் நிரூபிப்பதை பார்த்து மகிழ்ந்திருப்பார். இராசயனத் தெளிப்பால் பூச்சி உலகில் மெலிந்தவை எல்லாம் அழிந்து விட்டன வலிமையுடையன பிழைத்திருக்கிருன்றன.

தெளிப்புகளுக்கு பின் பூச்சிகள் எதிர்ப்புசக்தியை உண்டாக்கி கொள்ளுமா? என்று பேராசிரியர் மெலண்டர் கேட்டார். அதற்கான விடை 1914 க்கு பிறகு கிடைத்தது. முதலில் பூச்சிகளை கொல்ல வேதிப்பொருட்களை தெளித்தபோது அங்கொன்றும் இங்கொன்றுமாக சில வகை பூச்சிகள் மட்டுமே தப்பின பிறகு பூச்சிகள் கொல்வது கடினமாகிவிட்டது.

DDT பயன்படுத்த தொடங்கியவுடன் எதிப்பு சக்தியும் வலிமையடைந்து விட்டது. வீரியமிக்க இரசாயணதாக்குதலுக்கு எதிர்ப்பு சக்தி பூச்சிகளுக்கு இருக்கிறது என்பது நமக்கு தெரியவில்லை.

பூச்சிகளின் எதிர்ப்புச் சக்தி பற்றி செய்தி மெதுவாகத் தெரிய வருவது போல, எதிர்ப்பு சக்தி அதிகரிப்பு மந்தமாக இல்லை. 1945ல் 10-12 வகையான பூச்சிகள் எதிர்ப்பு சக்தியைப் பெற்றன, 1960ல் 137 வகையான பூச்சிகள் எதிர்ப்பு சக்தியைப் பெற்றன.

இப்பொழுதெல்லாம் எதிர்ப்புசக்தி மிக வேகமாக உண்டாகி விடுகிறது. தென் ஆப்பிரிக்காவில் கால்நைடையைத் தாக்கும் நீல உண்ணியை கட்டுப்படுத்த, வழிமுறைகளை பயன்படுத்தினர். அதற்கு எதிர்ப்பு சக்தியை உண்ணிகள் பெற்று பிறகு பென்சின் ஹெக்சா குளோரைடு பயன்படுத்தப்பட்டது. இதற்குள் உண்ணிகள் எதிர்ப்பு சக்தியை உண்டாக்கி கொண்டன. 600 கால் நடைகள் மாண்டன.

இந்த எதிர்ப்பு சக்தி மனித உடல் நலத்திற்கும் அச்சத்தை ஏற்படுத்துகிறது. **அனோஃபிலிஸ்** கொசுக்கள் மலேரியாவின் ஒற்றைச்செல் உயிரியல் மனித ரத்தத்தில் புகுத்திவிடுகிறது. மலேரியாவை உருவாக்கும் கொசுக்கள், மஞ்சள் காய்ச்சலை பரப்பி கொசுக்கள், மூளைக்காய்ச்சலை உருவாக்கும். கொசுக்கள் வீட்டு ஈ போன்றவை எதிர்ப்பு சக்தி பெற்றுவிட்டால்? நம் நிலைமை என்ன ?

முதன் முதலில் பெரிய அளவில் பூச்சிக்கொல்லிகளை மருத்துவத்துறையில் பயன்படுத்தியது இத்தாலி. 1943ல் DDT மக்கள் மேல் தெளித்து இராணுவ ஆட்சி டைபாய்டை கட்டுப்படுத்தியது. அடுத்த ஆண்டே பிரச்சினை

ஆரம்பமாயிற்று. வீட்டு ஈக்களும் கொசுக்களும் எதிர்ப்பு சக்தியை காட்டின. 1948 ல் DDT பதிலாக குளோர்டேன் பயன்படுத்தப்பட்டது 1950 ல் எதிர்ப்பு சக்தியுள்ள ஈக்கள் தோன்றின, பிறகு கொசுக்களும் எதிர்ப்பு சக்தியை பெற்றன 1951 ம் ஆண்டுக்குள் மெத்திக்சி குளோர், குளோர்டேன், ஹெப்டாகுளோர், பென்சின், ஹெக்சாகுளோரைடு எதும் ஒன்றும் செய்ய முடியவில்லை ஈக்கள் பெருகி விட்டன.

டாக்டர் பிரயஜத் கூறுகிறார்:

நாம் மிக ஆபத்தான பாதையில் போகிறோம். பூச்சிகளின் எதிர்ப்பு சக்தி எப்படி அதன் உடலில் உருவாகிறது? என்பது நமது அறிவுக்கு எட்டவில்லை. அதன் உடல் அமைப்பா? பழக்க வழக்கங்களா? குறைவான அதன் வாழ்க்கை சூழலா? என நம்மால் அறிய முடியவில்லை. அதன் வாழ்க்கைமுறை நம் அறிவுக்கு எட்டாத அதிசயம் என்று நினைக்கத் தோன்றுகிறது. அவைகளுக்கு எதிரான போரில் நாம் கைக்கொள்ளவேண்டிய ஆயுதங்கள் எவை மாற்றி யோசிப்போம்.

17.
பூச்சி மருந்துகள் தொழிற்சாலை கழிவுகள், நகரக்கழிவுகள் இவற்றால் குடிநீரில் ஏற்படும் பாதிப்புகள்

மனிதன் கிடைக்கும் தண்ணீரையும், பூச்சிக்கொல்லிகளால் மாசுப்படுத்தி வருகின்றான் அதைப் புரிந்துகொள்ள வேண்டுமாயின் சுற்றுச்சூழல் அனைத்தையும் மனிதன் எப்படி கெடுத்து விட்டிருக்கிறான் என்பதை தெரிந்து கொள்ள வேண்டும்.

நீர்நிலைகளில் ஏற்படும் மாசுக்கு பலகாரணங்கள் உள்ளன.

1. சோதனைச்சாலை கழிவுகள் 2. மருத்துவமனை கழிவுகள் 3. அனு உலை கழிவுகள் 4. நகர வீட்டுக் கழிவுகள்

5. தொழிற்சாலைகளின் வேதிக்கழிவுகள் 6. வயல்களில் தெளிக்கப்படும் பூச்சி மருந்துகளின்

எச்சத்துடன் வடிகால் வழியாக வரும் நீர். இயற்கை உருவாக்காத புதுப்புது பொருள்களை மனிதன் கண்டு பிடிக்க தொடங்கிய நாளிலிருந்தே தண்ணீரை சுத்திகரிக்கும் பிரச்சினையும் அதிகமாகிவிட்டது. அதைப் பயன்படுத்துவோருக்கு ஆபத்து கூடிவிட்டது. தினமும் நீர் நிலைகளில் வேதிப்பொருட்கள் வெள்ளமென குவிகின்றன அவற்றோடு வீட்டுக்கழிவுகள் கலக்கும் போது இவற்றை சாதரண இரசாயண முறைகளால் கண்டுபிடிக்க முடியாது, அகற்றவும் முடியாது பேராசிரியர் ரால்ஃப் எலிசன் கூறுகிறார். இந்த இரசாயனப்பொருட்களின் மொத்த பாதிப்பு எப்படி இருக்கும் என்று இவை சேர்வதால் ஏற்படும் கலவையை இன்னதென்று அடையாளம் காண்பதோ இயலாது.

கரிம மாசுபடுத்தும் பொருட்களின் பெரும்பகுதி பூச்சிகள், களைகள், எலிகள் இவற்றை கட்டுப்படுத்த மட்டுமே பயன்படுத்த வேண்டும்.

ஆனால் இவற்றை வேண்டாத தண்ணீர் தாவரங்கள், பூச்சி முட்டைகள், மீன்கள் ஆகியவற்றை கொல்ல பயன்படுத்துகிறார்கள் மொத்த நீர் நிலையும் கெட்டு வருகிறது. மேலும் தண்ணீர் வழிந்தோடி கடலை அடையும் போது கடலும் மாசுபடுகின்றது.

நீர் மாசுபடுதலில் மிக மோசமானது நிலத்தடிநீர் மாசுபடுவது தான். இந்த இடத்தில் பூச்சிகொல்லி பயன்படுத்துவதினால் எல்லா இடத்து தண்ணீரையும் அசுத்தமாகிவிடுகிறது இயற்கை ஒரு இடத்தில்

கட்டி போடப்படுவதில்லை அது போல தண்ணீரும் எல்லாம் பகுதியிலும் பாய்கிறது. நிலத்தில் பெய்யும் மழை, இராசயனங்களை கழுவிக்கொண்டு பூமிக்குள் பாய்ந்து மெல்லிய துவாரங்களின் வழியே கீழிறங்குகிறது. அடிமட்டடத்திலுள்ள இருண்ட பள்ளத்தாக்குகளில் சேமிக்கப் படுகிறது. நகர்கிறது. ஒரு நாளில் 10 கி.மீ தூரம் பயனிக்கிறது, கிணறு, ஆழ்துளை கிணறு வழியாக வெளிப்படுகிறது.

மீண்டும் பாசனத்திற்கு அல்லது குடிநீருக்கு பயன்படுகிறது. மாசுப்பட்ட, வேதிப்பொருட்கள் கலந்த நீரைத்தான் பயன்படுத்துகிறோம்.

இந்த ரசாயனங்கள் மீன் உடலுக்கு சென்று பலமடங்காக பெருகி மனிதனை வந்தடைகின்றன. கால்நடைகளால் உண்ணப்பட்டு பால் - இறைச்சி வழியாக மீண்டும் மனிதனை அடைகின்றன (பல மடங்கு அதிகமாகி), இந்த விஷ சுழற்ச்சியை அறியாத மனிதன் ஏராளமான நோய்களுக்கு ஆளாகிறான். மருத்துவமனைகள் பெருகி வருகின்றன. பல்வேறு நோய்கள் அடையாளம் காணமுடியாத நிலையில் ஆராய்ச்சியாளர்களுக்கு சரியான வேலை!

18.

பசுமை புரட்சி ஒரு வரமா? சாபமா?

பசுமை புரட்சி ஒரு வெற்றிகரமான திட்டம் தான் என்றும் அது தற்காலிமாக பஞ்சங்களை தவிர்க்க தேவையாக இருந்தது என்னும், அதற்குப் பிறகுதான் அதன் எதிர்மறை விளைவுகள் நமக்குத் தெரியவந்தன என்றும் பரவலாக நம்பப்படுகிறது. இயற்கை வேளாண்மையால் மிகுந்த ஈடுபாட்டுடன் செயல் படுவோரின் மத்தியிலும் கூட இந்த கருத்து நிலவி வருகிறது.

பஞ்சங்களை பற்றி பேசுவோம் உண்மையில் பஞ்சம் ஏற்பட்டதா? உணவுதானிய உற்பத்தி குறைந்ததா? போன்ற விபரங்களையும் ஆதாரத்துடன் பார்ப்போம்.

போதிய மழை பெய்யவில்லையா?

1. 1877-ல் மெட்ராஸ் பஞ்சம். அப்போதைய மழை

66- அங்குலம் (சராசரி மழை 50 - அங்குலம்).
2. 1770-ல் ஏற்பட்ட கடும் பஞ்சம், வங்காளத்தில்

3-ல் ஒருவர் மரணம். விவசாயம் 3-ல் 1 பங்கு நிலத்தில்,

ஆனால் 1771-ல் வரிவசூல் அமோகமாக ஆகி உள்ளது. 3. 1900- ல் குஜராத் பஞ்சம், ஆனால் இரண்டு வருடத்துக்கு தேவையான உணவு தானியங்கள்தனியார் கைகளில் 4. 1943 -ல் வங்காளத்தில் 36 லட்சம் பேர் இறந்தனர்.

ஆனால் 80,000 டன் உணவு தானியங்கள்

இங்கிலாந்திற்கு ஏற்றுமதி செய்யப்பட்டன. நமது நிலம் விளைந்து கொண்டுதானிருந்தது. அரசியல் பொருளாதார நிகழ்வுகளே பஞ்சத்தின் காரணிகள்

வெள்ளையர்களின் பணத்தேவைக்காக, இந்திய உணவு தானியங்கள் பெருமளவு ஏற்றுமதி செய்யப்பட்டது. அடுத்து மீதம் இருக்கும் உணவும் சரிவர விநியோகிக்கப்படவில்லை. போக்குவரத்து சாதனங்கள் அனைத்தும் ராணுவத்துக்கு சேவை செய்ததால் பொருட்கள் தேவையான இடங்களுக்கு போக முடியவில்லை.

ஆங்கில அரசின் நெருக்கடிகள் உழவர்களையும், உழவு தொழில் சார்ந்துள்ள கூலி ஆட்களையும் வெகுவாக பாதித்து விட்டன. ஒரே பயிர் சாகுபடி, காடுகளை அழித்தல் பணப்பயிர் சாகுபடி என்ற முரட்டுதனமான கொள்கைகள் 50% சதவிகித மக்களை வறுமையில் தள்ளிவிட்டது. கருப்பு சந்தையில் கிடைக்கும் உணவு தானியங்களை வாங்க யாரிடமும் காசில்லை. அதனால் தான் இறப்பு எண்ணிக்கை அதிகமானது.

இந்திய வேளாண் மரபு:

பகுத்துண்டு பல்லுயிர் ஓம்புதல் நூலோர் தொகுத்தவற்றுள் எல்லாந் தலை.

- இந்திய பண்பாடு, உணவு பெருக்கத்தை நாகரித்தின் ஆதாரமாகவும், பகிர்ந்துண்ணுதலை அடிப்படை கோட்பாடாகவும் வலியுறுத்தி வந்துள்ளது. அதனால்,

தனி ஒருவனுக்கு உணவில்லை எனில் இந்த ஜகத்தினை அழித்திடுவோம்!!!

- என்று பாடுகிறார் பாரதி.

"அன்னம் ந விந்த்யாத் தத் - வ்ரதம்' என்கிறது வேதங்கள்.

இந்திய வேளாண் பெருமக்கள் நம்பி வந்த பூமியே அவர்களின் கண்முன்னால் இல்லாமலாகியது. பூமி என்பது பூச்சிகள் புழுக்கள், பறவைகள் மரங்கள், மிருகங்களான உயிர்வெளி. மனிதன் அதில் ஒரு துளி. (ஆனால், நவீன அறிவியல் சொல்கிறது).

"பூமி என்பது அள்ளி அள்ளி தின்று கொண்டே இருக்க கூடிய சட்டிதான். நாம் அதில் குடைந்து குடைந்து புதையலை எடுக்க வேண்டியதுதான்" என கற்பிக்கிறது.

10,000 ஆண்டுகள் பாரம்பரியம் வாய்ந்த நம் விவசாயம், நவீன அறிவியலுக்கு முன் மூடநம்பிக்கையுள்ள பத்தாம் பசலித்தனமான மூடர்களாக நம்மை அடையாளப்படுத்துகிறது.

ஆனால்

1. அலெக்ஸாண்டர் வாக்கர் (1820) 2. வால்லிக் (1832) 3. ஏ.ஓ.ஹ்யும் (1878) 4. ஆர். வாயஸ் (1887)

ஜான் அகஸ்டஸ் வோல்கர் (1893) 6. ஜான் கென்னி (1912) 7. வோல்கர் (1893)

இவர்கள் மேலைநாட்டு வேளாண் அறிவியலார்கள். இவர்கள் எழுதிவிட்டு சென்ற நீண்ட விவரமான அறிக்கைகள் நம் பாரம்பரிய வேளாண்மையின் பெருமையை கூறுகின்றன.

"மேலைநாடுகளிலிருந்து கற்றுக்கொள்வதற்கு இந்திய விவசாயகளுக்கு ஒன்றுமில்லை, சொல்லப்போனால் மேற்கத்திய விவசாயிகள் இந்தியாவிலிருந்து கற்றுக்கொள்ள நிறைய உள்ளன."

மேற்கத்திய உரங்கள், ஆங்கிலேய வேளாண்மையின் முக்கிய அம்சம். ஆனால், இந்தியாவை பொருத்தமட்டில் அதை உடனடியாக நிராகரித்து விடலாம்" என்கிறார் வோல்கர்.

10,000 ஆண்டுகால நெல் விவசாயத்தில் 2,00,000 ரகங்கள் விவசாயிகளால் பயிரிடப்பட்டன.

1. வெள்ளத்திற்கு - கரைநெல் / மடுவுக் முழுங்கி 2. வறட்சிக்கு - பயறுமணியன் / வாடன்சம்பா 3. உவர்நிலத்திற்கு - களர்சம்பா 4. கர்ப்பிணி பெண்களுக்கு - கவுனி 5. பால் கொடுக்கும் தாய்மார்களுக்கு - குழிவெடிச்சான்

என்று வாழ்க்கையின், இயற்கையின் ஒவ்வொறு நிலைக்கும் ஏற்ற நெல் வகைகள்.

நமது பாரம்பரிய அறிவு அழிக்கப்பட்டு மண்ணை மலடாக்கும் நவீன வேளாண்மை (பசுமை புரட்சி) புகுத்தப்பட்டது.

17,000 பாரம்பரிய ரகங்களில் 1530 ரகங்கள் ஹெக்டேருக்கு 3.7 டன் விளைச்சல் கொடுத்தது. (உயர்விளைச்சல் ரகங்களும் அவ்வளவே!!)" என்கிறார் டாக்டர் ரிச்சாரியா.

நமக்கு என்ன தேவை? நவீனமா? பாரம்பரியமா?

மரத்தினால் கலப்பை செய்து நிலத்தை உழும் பண்டைய விவசாயி, இரும்பிலான கலப்பையை மறுதலிக்கிறான் ஏன்?

1. மூடநம்பிக்கை
2. அறிவியல் அறியாமை - என்றனர் மேலைநாட்டினர்.

ஆனால், மரக்கலப்பையில் ஏர் உழும்போது

1. மாடுகள் களைப்படைவதில்லை 2. மேல் மண்ணிலுள்ள நுண்ணுயிர்கள் சேதமடைவதில்லை.

இந்த பாரம்பரிய அறிவே அவர்களை நவீன கருவிகளுக்கு மாறத்தயக்கம் கொள்ள வைத்தது.

19.
தயக்கம் ஏன்?

110 கோடி மக்கள் வாழும் நாட்டில் 54 விழுக்காடு மக்கள் ஒரே தொழிலில் ஈடுபட்டு உள்ளார்கள் எனில் அதுதானே மிகப்பெரிய துறையாக கருதப்பட வேண்டும். ஆனால் அரசின் செலவினங்களை பார்க்கும் போது பாதுகாப்பு துறைக்கு 10.62 சதவிகிதம் செலவிடும் அரசு வேளாண்மைக்கு 5.09 சதவிகிதம் தான் செலவிடுகிறது.

இதற்கான காரணத்தை எளிதில் அறியலாம். எல்லா துறைகளிலும் அரசுக்கு வரும் வருமானத்தையும் ஒரு கண்ணோட்டம் பார்க்கலாம்.

சர்வீஸ் துறைகள் 54%
தொழிற்கூடங்கள் 31%
வங்கி மற்றும் ரியல் எஸ்டேட் 21%
உற்பத்தி துறை 18%
விவசாய துறை- 14.30% (2018-19)

இது கூட காரணமாக இருக்கலாம். இதனால் கூட அரசு வேளாண்மை துறைக்கு முக்கியத்துவம் கொடுக்க தயங்கலாம்.

ஆனால் வேறு மாதிரி யோசித்தால் ...!

அரசு வேளாண்மை மற்றும் நீர் நிர்வாகத்துக்கும் முக்கியத்துவம் அளிக்குமானால் இயற்கை வளங்கள் பாதுகாக்கப்படும். அனைவருக்கும் சுகாதரமான குடிநீர் கிடைக்கும். மக்களின் ஆரோக்கியம் மேம்பட்டால், அரசு சுகாதாரத்திற்கும், மருத்துவப் பணிக்கும், குடிநீருக்கும் செலவிடும் கணிசமான தொகைகள் குறையும். மேலும் விசாயத்துறைக்கான மானிய செலவும் குறையும். இந்த தொகைகளை கணக்கில் கொண்டால், அரசு வேளாண்மைக்கும் நீர்ப்பாசனத்திற்கும் செலவிடும் தொகை ஒரு பொருட்டல்ல.

மக்களின் ஆரோக்கியம் மேம்பட்டால் உற்பத்தி பெருகும். அயல் நாட்டவர் நம் நாட்டில் முதலீடு செய்வதில் தயக்கம் இருக்காது.

அரசு சுகாதாரத்திற்குள செலவிடும் தொகை 2018-19- 24.3 % 2019-20- 23.7%

மொத்த வருமானத்தில் இந்த செலவு மீதமானால் போதுமே! ஏராளமான வளர்ச்சிப் பணிகளை செய்யலாமே.

எப்படி எந்த கண்ணோட்டத்தில் பார்த்தாலும் அரசு வேளாண்துறைக்கும், நீர் சேமிப்புக்கும் முக்கியத்துவமும் கொடுக்கலாம். தயக்கம் வேண்டியதில்லை!

மிகுந்த எதிர்பார்ப்போடு மக்கள் காத்திருந்த, வலிமையான சர்க்கார் நமக்கு வாய்த்துள்ளது.

உறுதியான நேர்கொண்ட பார்வை மிக்க தலைமையில் நடக்கும் இந்த ஆட்சி மேலும் நம் எதிர்ப்பார்ப்புகளை மேலும் அதிகரிக்கிறது. வையத் தலைமை கொள்வோம் என்ற பாரதியின் கூற்றை உண்மையாக்கும் நாள் அதிகத் தொலைவில் இல்லை என நம்புவோம்!

எல்லோருக்கும் வீடு, அனைத்து வீடுகளுக்கும் கியாஸ் இணைப்பு. ஏழை மக்களுக்கும் மிகக் குறைந்த பிரிமியத்தில் காப்பீடு என எளிய மக்களை நன்கு புரிந்து அரவணைத்து செல்லும் நமது மத்திய அரசுக்கு உழவர்களின் பிரச்னையும் ஒருநாள் காதில் விழும். நிச்சயம் உழவர்களின் மறுமலர்ச்சிக்கு அரசு உதவிடும் என நம்புவோம்.

மத்தியிலும், தமிழ் மாநிலத்திலும் மக்கள் எதிர்பார்த்த வலிமையான அரசு அமைந்துள்ளது.

"தலைவர்களின் நோக்கம்; வலிமையான பாரதம், வலிமையான தமிழகம்" - இதை நோக்கி இவர்கள் நடைபோடும் போது, நம்மை கைபற்றி அழைத்து செல்லும் போது, கல் தோன்றி மண் தோன்றா காலத்தே முன் தோன்றிய மூத்த தமிழ்குடியும், பாரதமும் வையகத்துக்கு வழிகாட்டி முன் செல்லும் நாள் அதிக தொலைவில் இல்லை எனலாம்.

வலிமையான பாரதத்தை படைப்போம்! வையகத்துக்கு வழிகாட்டுவோம்!!

ஒரே நாளில் அனைத்து சமஸ்தானங்களையும் இந்திய சர்க்காரோடு இணைத்த வல்லமை

படைத்த இரும்பு மனிதர் தலைவர் நமது சர்தார் வல்லபாய் படேல் அவர்கள். வலிமை படைத்த அவரின் வழித்தோன்றல் என்று பாராட்டப்படும் நமது பிரதமரும் வலிமை படைத்த பாரதத்தை உருவாக்கி, வையத் தலைமை கொள்ளும் நாள் நம் கண்களில் தெரிகின்றது.

பசுமை நிறைந்த பாரதம் உலகுக்கே வழிகாட்டட்டும்! ஜெய்ஹிந்த்!

20.
அறிமுகவுரை மற்றும் முடிவுரை

அறிமுகவுரை

நினைவு தெரிந்த நாள் முதல் விவசாயம் மட்டுமே தெரிந்த தொழில். விவசாய குடும்பத்தின் ஏழ்மையிலும் துயரத்திலும் படிப்பை உயர் நிலைப் பள்ளியோடு முழுக்கு போட வேண்டிய கட்டாயம். ஆனாலும், விவசாயிகள் படும் துன்பம் மனதில் ஓட, வாழ்க்கையும் வெகு தூரத்திற்கு ஓட வைத்து விட்டது.

தற்போது நின்று நிதானித்து யோசிக்கும் போது தவறு எங்கே இருக்கிறது? விவசாயிகளின் துயரத்திற்கு விடையே காண முடியாதா? என்ற எண்ணற்ற கேள்விகள் மனதில் எழுகின்றன.

வர்கீஸ் குரியனின் "எனக்கும் ஒரு கனவு" என்ற நூல் எனக்குள் பல விதைகளை போட்டு விட்டது. அவையெல்லாம் இந்த கொரோனா விடுமுறையில் விருட்சமாக மனதில் வளர்ந்து விட்டன.

ஒரு சிறுகதை, ஒரு கட்டுரை கூட எழுதிப் பழக்க மில்லாதவனை ஒரு புத்தகமே எழுத வைத்து

விட்டது. 15-20 பக்கங்களுக்கு மேல் எழுத்து நொண்டியடித்த பொழுதிலெல்லாம், என்னை ஊக்குவித்து எழுத தூண்டிய என் நண்பர்களுக்கும், எனது அலுவலக உதவியாளர், எழுத்தாளர், திருமதி. சரண்யாவுக்கும், தேவையான தகவல்களை திரட்டி தந்த அலுவலக மேலாளர் திரு.தினேஷ்குமார் அவர்களுக்கும் இதயம் கனிந்த நன்றிகள்.

சமர்ப்பணம்

வாழ்வின் இறுதி நேரத்தில் கூட எந்த விதமான பொருளாதார உதவியும் மருத்துவ உதவியும் என்னால் செய்ய முடியாமல் இருந்தும் கூட முகம் கோணாமல் எனக்கு அன்போடு ஆதரவு கொடுத்த என் தந்தைக்கும், தாய்க்கும் இந்த நூலை சர்ப்பிக்கிறேன்.

என் வாழ்வை மறுசீரமைக்க தோள் கொடுத்த எனது தோழமையான மனைவிக்கு எனது நன்றிகளும், வாழ்த்துக்களும்.

விடையில்லாத கேள்விகளோட போரிடுபவனுக்கு உள் வலிமை இருக்காது எனவே சிறந்த வீரர்கள் எல்லா கேள்விகளுக்கு விடை கண்டறிந்து தான் போரிடுவார்கள் - சங்கப்பாடல்

"நமது பிரதமர் மிகச் சிறந்த வீரர், சர்தார் படேல் போன்றே நாட்டின் முன்னுள்ள ஒவ்வொரு கேள்விக்கும் விடை கண்ட பின்பே போரிடுகிறார். வலிமையான பாரதத்தை நோக்கிய அவரது போராட்டம்"

சுற்றுச்சூழல் பாதிப்பு பற்றிய கேள்வி எழுந்த நேரத்திலும், கொரோனா வைரஸ் பாதிப்பு ஏற்பட்ட நெருக்கடி நேரத்திலும் உலகத் தலைவர்கள் உற்று நோக்கியது, பாரதத்தையும், நமது பிரதமரையும் தான். இந்த இக்கட்டான நேரங்களில் நமது பாரதத்தின் கருத்தை செயல்பாடுகளை உலகமே உற்று நோக்கிய வண்ண மிருக்கிறது.

வையத் தலைமை கொள்கிற நிலைக்கு பாரதம் பீடு நடை போடுகிறது. நமது பொருளாதார மந்த நிலை மட்டுமே நம்மை நின்று யோசிக்க வைக்கிறது. இந்த நேரத்தில் அனைவரும், எல்லாத் தொழில் முனைவோரும் ஒரே இலக்கை (வலிமை படைத்த பாரதம்) நோக்கி ஒரே நோக்கோடு உழைப்போம். வெற்றி பெறுவோம். வையத் தலைமை கொள்வோம்.

நன்றிக்குரிய மனிதர்களும், நூல்களும்

1. எனக்கும் ஒரு கனவு - வர்கீஸ் குரியன், கண்ண தாசன் பதிப்பகம்
2. தமிழ் ஹிந்து - நடுப்பக்க கட்டுரைகள்
3. பசுமை விகடன், ஆனந்த விகடன்
4. வனம் பவுண்டேஷன்
5. கிராம ராஜ்யம் - மகாத்மா காந்தி (காந்தி இலக்கிய சங்கம்) தமிழக பாசன மேம்பாட்டு திட்டங்கள் - பொறி. வீரப்பன், பொறி. சைலசபதி, பொறி. மூர்த்தி, வெளியீடு 2016 டைம்ஸ் ஆப் இந்தியா - தினசரி
7. திருமிகு. உதயசந்திரன் ஐ.ஏ.எஸ்.
8. திருமிகு. காந்தி கண்ணதாசன்

9. திருமிகு. ராஜேந்திரன் IAS

10. திருமிகு. சு. வெங்கடேசன் எம்.பி

11. திருமதி. சங்கீதா ஸ்ரீனிவாசன் - பசுமை புரட்சியின் கதை

12. திரு. தினேஷ் குமார் அலுவலக மேலாளர்

13. செல்வி. சந்தியா அலுவலக உதவியாளர்

14. திருமதி. சரண்யா அலுவலக உதவியாளர்

15. ஸ்பைசஸ் இண்டியா - மாத இதழ்

16. திரு, ஸ்ரீராம் (முன்னாள் அலுவலர் தி ஹிந்து (தமிழ்))

17. திரு. கண்ணப்பன் ஆசிரியர் நட்பு இதழ்

18. நிரந்தரமானவர் அழிவதில்லை!

முன்னாள் அமைச்சர் C. சுப்பிரமணியத்தின் வாழ்க்கை வரலாறு திரு. நல்லசாமி B.A., B.L., விவசாய சங்கங்களின் ஒருங்கிணைப்பாளர்

நன்றியும் வணக்கமும்

பல்வேறு முக்கிய பணிகளுக்கு இடையேயும் முகம் சுளிக்காமல் எனக்கு வாழ்த்துரை வழங்கிய

உயர்திரு. உதயசந்திரன் I.A.S.,
உயர்திரு. Dr. ராஜேந்திரன் I.A.S.,
திருமிகு. காந்தி கண்ணதாசன்

ஆகியோருக்கு என் இதயம் கனிந்த நன்றியும், வணக்கமும்!!!

www.ingramcontent.com/pod-product-compliance
Lightning Source LLC
Chambersburg PA
CBHW071712170526
45165CB00005B/1988
* 9 7 8 1 6 3 6 4 0 6 8 3 1 *